有愛的絕技最銷魂

女醫師教你真正愉悅的性愛關鍵69

宋美玄 著　　陳系美 譯

〈前言〉
從基本到絕技

這本書是《女醫師教你眞正愉悅的性愛》系列作品第三部，重點集中在性愛的「絕技」。前兩本不斷強調的主旨是：「性愛是藉由身體進行的極致溝通，也是愛情的表現。」這個基本觀念在本書中依然沒變。

但是，想擁有「眞正愉悅的性愛」，光靠這部分也確實難以達成。通常我們想表達自己的心情時，會透過語言進行溝通。這也意味著，不擅言詞便可能溝通不良。還有，若說錯話，不僅對方無法理解，甚至有可能產生完全錯誤的解讀，造成彼此的嫌隙。

我認爲在性愛上，「技巧」也具備了類似的功能。在我開設的性愛諮詢門診裡，前來求診的女性中，不少是因錯誤技巧而受傷的人。原因大多來自男性不懂女性的身體構造，完全不了解女性的快感結構，簡直就像穿錯鞋子硬搞瞎搞所造成的傷害。我在診療室，每天對此感觸良深。

那些完全沒有自覺到傷害了女人，而且是因爲自己錯誤的技巧而讓女性受傷的男人，我眞的感到很悲哀。雖然我也認爲女人應該更勇敢地說出自己的感受和需求，但直接徹底改變男人的觀念似乎比較快。如果想藉由性愛來表達自己的愛意，那麼使用的技巧就不能錯。

明明很愛對方，卻因無知而傷害了對方。

明明很珍惜對方，卻因誤解而使對方備受折磨。

爲了不陷入如此悲哀的狀態裡，首先好好學習基礎知識吧。譬如生理構造，G點的位置在哪裡？潮吹的眞面目爲何？這些問題你能正確地回答嗎？

「了解」也是爲了你自己好。以女人的角度來說，即使還不是那麼深愛對方，但一個了解自己的身體與感情，並能細心溫柔對待的男人，女人是不會討厭的。此外，了解這些基本的性知識，對於不想讓女人懷孕或避免感染性病的男人，也一定派得上用場。

接下來，請學會正確的技巧。關於這一點，書中分享了很多，譬如引誘對方上床的方法、吻遍女人全身的方法、解除討厭口交的女人的心防、完事後的床上動作舉止……等等，不僅鉅細靡遺地介紹各種技巧，並且盡可能附上圖片說明。

書名雖然有「絕技」字眼，但裡面或許也有讓人覺得「就這麼簡單？」的技巧。不過「基本」才是最重要！如果連基本都辦不到，不僅會傷害女人，甚至會使得兩人的關係產生裂痕。不要認爲「自己已經很懂了」就胡搞瞎搞，請務必看看書中所說的。所謂「絕技」是建立在深厚的基本功之上，它不是用來誇耀「自己很厲害」，而是爲了讓兩人關係更臻於美好的功夫。我希望大家不要忘了，「技」是一種爲了傳達愛意的方法。

以堅固的愛情爲基底，並具備了正確的知識和技巧所進行的性愛，絕對比只靠愛情基礎便亂做一通來得更有快感。無論在肉體或精神上都是。請和你心愛的她，一起分享這樣的甜美時光。

但願本書能幫助相愛的伴侶，共度更美好的兩人時光。

目　錄

目錄

目錄

目錄

目錄

第1章

享受真正愉悅的性愛，應該知道的五件事

❶
性愛高手知道，「有愛的技巧」最銷魂

❷
別拘泥在女人的高潮，放鬆心情邁向「舒服的感覺」

❸
不懂裝懂會妨礙進步！別忘記虛心求新的心情

❹
照著性愛指南亂做很危險！答案永遠在眼前的「她」身上

❺
「無效愛撫」會妨礙快感，只愛撫她有感覺的地方

1 性愛高手知道，「有愛的技巧」最銷魂

性愛的發生，未必基於愛情。很多人是爲了快樂，或是其他種種原因而做愛。如果可以預防不期待的懷孕和性病感染（詳見一四一頁），這種行爲也無可厚非，不過，**我希望各位明白：有愛情的性愛是截然不同的境界**。

最明顯的差異在於，兩者的快感度不同。唯有愛情，能讓人想更深入接受對方；也唯有愛情，能讓人想更加取悅對方。而女人又比男人更需要愛情。

男人和女人在性反應的結構上不同。男人看到裸體或性感場面，會因視覺刺激導致陰莖興奮勃起。此外，對物理性的刺激也會有所反應。一旦勃起，「做愛」就等於「可能插入」，在女人的陰道內摩擦也會射精吧。

但女人光靠物理性的刺激想鬆開身體，是很難的事。即便讓陰莖進入了體內，也只會有「異物感」，摩擦更只會覺得疼痛。**大多數女人，若沒有愛情當基礎，是無法在性愛上獲得快感的**。

男女在戀愛時，腦內都會分泌「睪丸酮」（詳細內容會在四九頁說明），這是一種男性荷爾蒙，掌管性欲。感受到愛情→想做愛，這是極其自然的流程。慈愛般的情愫和性欲同時高漲的性愛，以及單純受到物理性摩擦刺激的性愛——想都不用想就知道哪一種比較舒服吧。

本書的目標是「眞正愉悅的性愛」，但大前提是「心靈相通的兩人性愛」。我希望能藉由本書讓大家明白，心靈與身體、兩者都能高度契合的性愛有多麼美好。

2 別拘泥在女人的高潮，放鬆心情邁向「舒服的感覺」

當初我在爲《女醫師教你眞正愉悅的性愛》一書命名時，被問了無數次：「這是能達到高潮的意思嗎？」因爲男人的高潮之謎比較少，所以問題大多集中在：「要怎麼讓女人高潮呢？」而且提問的大多是男人，讓我驚訝於男人對這個問題如此關心。

光是高潮本身就是美好的體驗了，如果兩人能同時高潮，那種美好的感覺更頓時增加好幾倍。男女在高潮時，腦內都會分泌一種「催產素」（Oxytocin）的神經傳導物質，又稱爲「幸福荷爾蒙」；一旦分泌後，人會充滿幸福感，也會更加憐愛對方。

這也讓我們明白了，高潮所達成的目標確實很有價值。不過，**太過拘泥於高潮，其實很危險**。男人越是好強地堅持：「我要讓她高潮！」只會讓女人感到壓力，結果導致女人假裝有感覺，假裝高潮來了。

大多數女人都假裝過高潮——這從很多問卷調查中看得出來。男人面對這樣的事實，接下來便很想知道如何分辨眞假高潮。可是，分辨出眞假又有什麼用呢？與其把心思放在這裡，**不如打從一開始就多用心，別讓女人必須做出這種假裝，這樣女人才會更高興、更舒服**。即便沒有高潮，但身心都得到滿足、充滿幸福感的性愛，我想每個女人都懂的。

若能擺脫「想讓她高潮」「非得讓她高潮不可」的堅持，兩人都能放鬆把身體交給快感，毫無疑問地，這才是「眞正愉悅的性愛」。只要和她擁抱時，放掉肩膀的力氣即可。

3 不懂裝懂會妨礙進步！別忘記虛心求新的心情

不懂裝懂最遜了——這句話不僅適用在性愛上，任何領域都適用。不單只是遜，還會讓人覺得可惜。自己還沒經驗過的事，卻裝得一副好像很內行的樣子，這樣會錯失難得的學習機會。在性愛上也是，**無論技巧或床上的動作，都要邊做邊學**。與其看一大堆性愛指南書，不如和她一起從錯誤中累積經驗，才能逐漸擁有「眞正愉悅的性愛」。若是放棄學習，永遠都別奢望進步。

話又說回來，爲什麼要不懂裝懂呢？原因在於，很多男人仍有這種迷思：「男人必須主動引導。」確實，女人在性愛上是處於「被動、接受」的位置，但和一個經驗很淺卻硬要引導的男人做愛，也無法安心委身於他吧。

她想看的是，如實的你。如果你只是稍微裝懂一點，她或許還能會心一笑，但若裝得什麼都懂、不給人置喙的餘地，她只會覺得和你的心有距離。所以，請以「此刻的自己」，眞實地面對她吧！在這裡，我要悄悄跟各位男士說，就算你經驗非常豐富，但如果以居高臨下的態度做愛，女人是會討厭你的。反倒是清純羞怯的模樣，永遠不會處於不利的位置。

縱使你閱人無數，和女性交往的經驗豐富，但這些經驗未必能用在她身上。**畢竟和她做愛，你也是第**一次。要以全新的心情面對她，才能擄獲她的心。有不明白的地方，就當場問她，這沒有什麼好羞恥的。只有永遠不忘初衷的人，才能成爲眞正的性愛高手。

4 照著性愛指南亂做很危險！答案永遠在眼前的「她」身上

無論男女，沒有人不曾爲性愛問題煩惱過。因爲性愛沒有「就是這個！」的標準答案。即便你愛吃起司，但她也不見得喜歡。就像世上沒有一種東西能讓全世界的人吃了都覺得「美味」，同樣也**沒有一種固定的技巧，能讓任何女人都覺得很舒服**。所以任誰都有過這種煩惱：怎麼做才能取悅她？怎麼做她才會眞正感到愉悅？

爲了消除這種苦惱，市面上出版很多性愛指南書。我從「女醫師教你」系列開始，也寫了好幾本。我一方面希望能傳達正確的知識和技巧，另一方面卻也因爲只能傳達「最大公約數」而感到心煩意亂。理論上，我只能介紹多數人有感覺的撫摸方式和體位，但無論任何技巧，一定也有些男女完全沒感覺。如果直接諮詢或許能解決，但靠出版書籍無法照顧得那麼周全，這也是令人感到遺憾的事。

既然性愛指南書寫的未必正確，那麼該如何消除圍繞著性愛問題衍生的憂慮呢？正確答案就在「她身上」。

有人會用「問」的，去確認她有沒有感覺，我認爲這不是好辦法。即使問她：「舒不舒服？」女人往往會顧慮你的心情而假裝很舒服。就像牙醫問患者：「會不會痛？」一樣，這在做愛上是行不通的。

最重要的是，**請仔細觀察她的身體反應**。當她覺得舒服時，全身會釋放出訊息，例如吐息或聲音上的變化，臉頰有無出現潮紅，表情是否變得很陶醉……若是你心愛的女人釋放出的訊息，你一定能掌握才對。但切記不要直勾勾地盯著她看，請做得自然一點，若無其事地。

5 「無效愛撫」會妨礙快感，只愛撫她有感覺的地方

男人有時會說，做愛猶如在做人體實驗。心想：「這裡可能會有感覺吧？」便往那裡摸，看到女人覺得很癢的樣子，就相信這是快感的預兆，於是便緊追不捨，繼續愛撫……如果她做出你意料中的反應，就代表實驗成功了？很遺憾的，事情並非如此。**沒感覺的地方，怎麼摸都沒感覺。癢的感覺也不會變成快感**。

這不是愛撫，只是爲了滿足男人好奇心的「實驗」。撫摸她的全身，讓她發出很癢的笑聲，這種行爲就肌膚之親來說並不壞。但若想達到快感的話，這只是在繞遠路。

多數男人都想讓心愛的女人達到高潮。那麼最重要的是，**別做她不想要的「無效愛撫」**，要確實找出能讓她愉悅的地方，把愛撫集中在這裡——譬如，掌握G點的所在，用中指指腹輕輕敲打般地撫摸，這有相當高的機率能讓她達到高潮。可是，若以兩、三根手指插入，激烈地做抽插動作，女人不僅沒感覺，還會痛苦地皺起臉。一旦覺得疼痛，女人身心都會頓時冷掉，說不定還會在心裡抱怨：「這是什麼沒用又沒意義的愛撫啊！」這麼一來當然不會有高潮，連心靈相通的性愛都會變得很難。

換個立場來說，如果你是被愛撫的一方——女人如果一直在你沒感覺的地方搔癢，你會心想「快點撫摸我的陰莖」吧。要能讓女人覺得「這個人知道我的快感帶耶！」這樣才能讓愛撫產生實際快感，也才能讓女人心動。所以男士們，請省去無用的部分，把愛撫集中在她有感覺的地方，用這種方式寵愛她吧！

讀者來函之「話雖如此！」——1

話雖如此，我不認為性愛是必要的。我和她感情很好，只要能在一起就心滿意足了。我不懂那麼麻煩、費盡心思做愛有何意義。每當她想做愛，我都馬馬虎虎應付過去，最近她好像能夠理解了。

——21歲・男性

做愛是極致的溝通，請不要隨便做做！

最近，有這種想法的男人似乎越來越多，因爲做愛實在太麻煩了。想要討人歡心，必須先徹底了解那個人。請回想一下你要送她禮物時的情況。她想要什麼東西呢？她的品味如何？在什麼情況下拿給她，她會比較高興呢？你大概想到焦頭爛額吧。那時候，你有期待她的回饋嗎？只要她能滿臉笑容地收下，你就覺得很高興了吧。由於自己花過這種心思，所以當她挑禮物送給你的時候，你也能明白這份禮物有著同樣的心思吧。

做愛也是一樣。彼此爲對方費盡心思，使得感情更爲深厚。而且是在兩人裸裎相對的情況下進行，這時所交織出的愛情與花費的心思，都不是平常所能比擬的。彼此交換得越多，快感也越大。

相反的，若做愛時隨便馬虎，心也會逐漸遠去。即使要花很多心思、也很麻煩，但透過性愛，你能得到的實在太多了！絕對不是「沒有也無所謂的事」。

第 2 章

爲了和心愛的人做愛，必須知道的五件事

❶
男人主動求愛較有機會。要傳達的不是性欲，而是愛意

❷
打擊率 100%是不可能的！只有不怕丟臉的人才能做愛

❸
你們有確實在交往嗎？請重視做愛前的交談

❹
色情之前一定要先有浪漫！學習提高性興奮的接吻技巧

❺
沒有保險套，沒有性愛！常備保險套才不會錯失良機

1 男人主動求愛較有機會。要傳達的不是性欲，而是愛意

性愛並非不需要有一方求愛，就能自然而然開始。已經纏綿過很多次的情侶另當別論，若是交往不久的情侶，還是清楚表明「想做」才會比較順利。而主動提出「想做」的，最好是男人。

畢竟在做愛時，女人在身體上屬於「受身」。這在精神層面也有很大的影響。因此由男人主動開口比較自然。尤其是**與其被動等待求愛，不如自己主動求愛，機會才會增加**。這不是不好意思的時候！

「求愛」也不是太困難的事，只要確實把你的「心情」傳達出去即可。但這裡必須注意的是，你要傳達的並非「性欲」。有時男人「想做」的欲

望，會讓女人亢奮起來。即便這表示彼此都有健全的身體，但若太過張牙舞爪，女人的身心也會開始畏縮。這時打個比方來說，就像用糯米紙包起來，再悄悄遞給她。

儘管如此，也不要過於拐彎抹角。如果你的言行舉止表達得太含蓄，以致她無法理解，不就沒戲唱了。最好的方法是，把想和她結爲一體的心情，希望能敞開心靈與身體接受彼此的心情，直接告訴她。

如果她的回覆是「NO」，就別再窮追猛打了。有人說「嘴巴上說討厭，但其實是喜歡」，我不敢說絕對沒有這種事，但在性愛上極爲罕見。如果在這裡糾纏不休，讓她認爲你的目的不是要確認彼此的感情，只是想發洩性欲，這也怪不得別人。所以還是坦誠地接受女人的答覆，等待下一次機會吧。

2 打擊率100%是不可能的！只有不怕丟臉的人才能做愛

「我想和妳做愛」——表達這個意思，需要相當的勇氣。即使交往很久的情侶或夫妻，很多時候也難以開口，更何況第一次邀對方上床，一定緊張到心臟快停了吧。萬一被她拒絕怎麼辦……還要飽受這種不祥預感的折磨。

就算兩人心意相通，但女人有時在身心方面都只能說「NO」。就算不是生理期，也有性欲低落的時期。有時只想有肌膚之親，但不想做愛；有時雖然很愛對方，但心情上就是無法和性欲連結。男人也同樣有這種情況吧。

所以，只是被拒絕個一、兩次，不要在意！也不必覺得丟臉、沒面子。基本上，兩人都剛好「想做」的時機本來就很難得。會有些挫折也在所難免，但若因此覺得打擊太大而下定決心：「我再也不要找她做愛了！」這就太輕率了。請不要放棄，尋找下一次機會吧。即使世上最強的打擊手，打擊率也只有三成多。但是，**若不站上打擊區，機會永遠不會來**。

偶爾揮棒落空也無妨不是嗎？性愛就是如此「難能可貴」的東西。抵達那裡的過程會變成經驗值，總有一天會找到適當的時機，也會琢磨出屬於自己的求愛方式。這時打擊率也會上升吧。

最近覺得這個過程「太麻煩」，不想流汗也不想丟臉就想得到機會的男人越來越多。**正因不輕鬆，所以等在前面的東西才是美好的！**不妨試著這樣激勵自己，這就是能不能做愛的分界點。

3 你們有確實在交往嗎？請重視做愛前的交談

性愛，是藉由肉體與肉體的交合，所進行的極致溝通。剛認識就覺得「就是這個人！」立刻三級跳成為深入的關係——如此戲劇化的事情，我認為偶爾可能發生。如果你認為這位女性很重要，**請多跟她說話聊天，從了解彼此開始**。

千萬別認為「話說得再多，也跟做愛無關啦！」做愛能深度反映出一個人的個性。只有上床時會突然人格驟變的人，相當罕見。她的個性——是內向害羞或積極活潑？是正經八百或大膽奔放？先了解這個，碰到突然要做愛時一定會有幫助。

反過來說，**和一個聊都聊不起來的人做愛，無法真正享受性愛樂趣**。享受談話↓做愛↓談話變得更深入↓更能享受性愛……用這種步驟前進最理想。當你一回神，一定會發現和她有了深厚的感情，成爲難捨難分的關係。

在談話中，我希望你確定一件事：你和她眞的是情侶嗎？越是長大以後，和異性的交往越是經常從「順其自然」開始，但若能先確定彼此的關係，說起話來也比較沒有隔閡，也更能享受性愛的美好。「炮友」這個詞現在很普遍，若兩人的關係分得很清楚，以對自己負責的態度去享受並無妨。但如果有一方以敞開身心的態度踏入炮友關係，而另一方卻緊閉心扉……這樣就是悲劇了。爲了不因愛戀或性愛而受傷、或者傷害別人，應該要愼重地反覆確認彼此的關係。至於大膽開放，等到確認了彼此的交往關係再做也不遲。

4 色情之前一定要先有浪漫！學習提高性興奮的接吻技巧

在心儀的女人面前感受到難以壓抑的欲望，是很正常的事。可是快要暴衝之際，請在心裡默念這句話——

「色情之前一定要先有浪漫！」

做愛前的談話有多重要，在上一節說明過了。但牽手、擁抱、接吻……這些浪漫的行爲，每一個都是「眞正愉悅的性愛」的重要基石。這個階段也兼具了「能否和這個人享有性愛，這種極致溝通」的確認作業。

看A片的時候，不少男人都會把故事的部分快轉吧。因爲他們的目的只在激烈的性行爲，並不關心之前的過程。但在現實的性愛裡，若將這個部分草草帶過，極有可能會狠狠跌一大跤。

「女醫師教你」系列的讀者，很多人來信希望我能教「接吻的方法」。可是接吻不在性科學範圍裡，想做技術性指導有它的難處。不過，我可以傳授各位一個奧義，那就是「按部就班比較容易興奮」。剛開始只要輕輕互碰雙唇——這是肌膚之親的延伸。然後慢慢將舌頭伸進去，纏繞，交換唾液……若能深入到這個地步就是了不起的性接觸，也等於打開了性愛大門。

黏膜與黏膜的接觸，會讓人聯想到性器官的結合，腦內也會產生性興奮的反應。這時男人的陰莖會勃起，敏感的女人也會分泌愛液。

到了這裡，就進入隨時可以纏綿做愛的狀態了。接吻不僅能感受到對方的心，也能確實感受到身體的強烈欲求。省略這個步驟只會得不償失。

5 沒有保險套，沒有性愛！常備保險套才不會錯失良機

俗話說，有備無患。

在性愛上，保險套正是有備無患之物。這一點在第十章會詳加說明，這裡希望男士們先知道，保險套是保護你和她不可或缺的東西。難得做愛的機會降臨，但只因「沒有保險套」這個理由，極有可能一切都化爲泡影。

比方說，在你的房間或車子裡，兩人進展到濃情蜜意的階段，卻因當場沒有保險套，必須在插入前喊停，這是多麼遺憾的事。

即使去賓館也不能大意，因爲賓館準備的保險套大多只有兩個。有時兩人做的次數會超過兩次，也有可能在做的過程中保險套破了，種種令人意想

不到的情況太多了。此外，別人準備的保險套，能信任到什麼地步也是個問題。

能夠安心的，只有自己準備的保險套。請養成和她約會一定隨身帶保險套的習慣。萬一需要時就能派上用場，就像攜帶手機充電器一樣，隨身帶著吧。即使是邀請她來自己的房間，也要先把保險套放在容易取出的地方。否則**當氣氛正好，還得跑一趟超商就太遲了**。

準備周到，並不會讓她退縮。反而能讓她明白，你是多麼重視兩人的關係，因此她也能安心和你一起做愛做的事吧。站在婦產科醫師的立場來說，我認爲女人更應該隨身攜帶保險套。如果有男人被這種事嚇傻了，那也只能說他是舊時代的人。

只是，保險套畢竟是男人自己要用的東西，所以由男人準備是最好的。請選擇自己喜歡的保險套吧。

讀者來函之「話雖如此！」——2

話雖如此，不帶保險套絕對比較爽！所以我專挑她生理期的時候做。就算有可能懷孕，機率也一定比平常低很多，而且可以射在陰道裡。每個月都很期待這個時期來臨。

——22歲・男性

生理期做愛會有問題，請別這麼做！

確認彼此是唯一的性伴侶，很明顯不會感染性病（詳見一四一頁），就算有小孩也很好……若兩人之間的信賴與感情如此堅定，確實不需要那層薄薄的橡膠隔閡。

但如果只因「可以不用帶套子」這種貪圖方便的理由，就在生理期做愛，這無疑是輕蔑女人的行爲。女性在生理期時，陰道內的黏膜變得很脆弱，手指或陰莖的進入比平時更容易傷害陰道。而且因爲子宮口是開的，你帶來的細菌甚至有可能入侵到子宮內，這會比平常更容易感染性病或發炎，對女人來說只有壞處。

此外，有些女人的經痛很嚴重，心情也會變得很差，很少有女人會想在這個時期做愛，請讓她好好休息吧。比起硬逼她上床的男人，女人比較喜歡輕撫她的腰，展現溫柔體貼的男人。這種有紳士風度的男人，一定會讓女人更愛他喲！

第3章

爲了掌握她的心！必須熟知女性身體五件事

❶
經驗多寡，完全無關！性器的顏色、大小、形狀也都是個性

❷
沒有無臭無毛的女人！氣味和毛髮也會引起性興奮

❸
懂得生理期構造的男人，深受女人青睞！保護自己也能派上用場

❹
女人的性欲由生物節律和對你的感情決定

❺
有的日子會濕，有些日子不會濕。愛液就像汗水一樣

1 經驗多寡，完全無關！性器的顏色、大小、形狀也都是個性

波濤洶湧的乳房、纖細的柳腰、圓潤的臀部、豐盈的大腿——描繪女人身體的優美線條，總是令人陶醉不已。男人談到他喜歡的女人類型時，也有各自偏愛的部分。

可是愛上一個女人時，無法用偏愛的部分選擇吧。你愛上的是她整個人散發出的魅力，就算胸部比理想中來得小，腿比想像中來得粗，你應該也不在意吧。當然欣賞她的迷人之處不是壞事，但請小心點！喜歡巨乳的男人往往只看胸部，迷戀腿部的男人往往執著於腿的曲線美。如此一來，女人會很失望。**不要只看局部，請愛她的全部。**

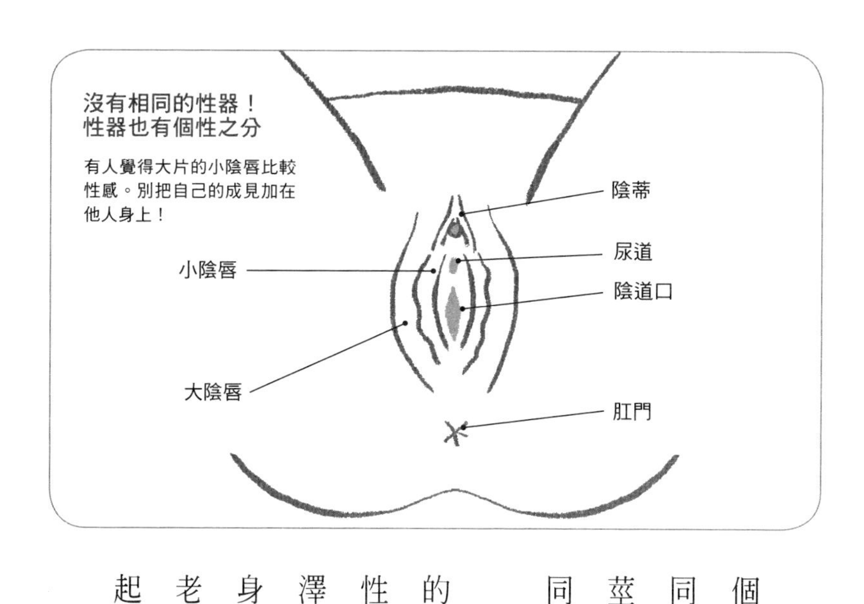

就像臉和身體一樣，性器也有個性之分。大小、顏色、形狀各有不同，這是理所當然的事。以男人的陰莖來說，這世上也沒有兩個是完全相同的吧。

乳頭和性器，儘管小時候是明亮的粉紅色，但到了青春期開始分泌女性荷爾蒙以後，顏色會逐漸變深。色澤轉濃正是成熟的證明，也代表這個身體已經可以懷孕。然後隨著年紀變老，色素會再度轉淡。這和男人在一起的經驗多寡，完全無關。

此外，性器上有兩片小陰唇，薄

薄的、有皺摺的肉，像荷葉邊黏在性器的邊緣。這個小陰唇的大小與形狀因人而異，但也有很多女人會煩惱「我的小陰唇可能怪怪的」，也有人因爲男人無心的話而受傷。即便尺寸比較大，左右兩片的長度不同，都不會影響性愛。**要完全接受才是愛情啊！**

2 沒有無臭無毛的女人！氣味和毛髮也會引起性興奮

做愛本來就是黏膜與黏膜的接觸，也可以稱爲交換彼此分泌液體的行爲吧。和汗水一樣，這裡當然也有異味。如果愛液、尿道球腺液、精液都完全無臭，這才是異常。儘管有程度之分，但不論男女，每個人一定有自己固有的氣味。

有人不在乎愛液的味道，但很在意汗水的味道吧。汗腺裡有一種帶著很多氣味成分的局泌汗腺，分布在腋窩、肚臍周圍、乳頭、性器與肛門周圍。這些地方，很多都是做愛時會接吻、以舌頭愛撫、臉部湊近之處。因此經常保持清潔很重要，若情況嚴重建議去外科求診；但若不是重度，請把它當作

產生臭味的源頭是局泌汗腺

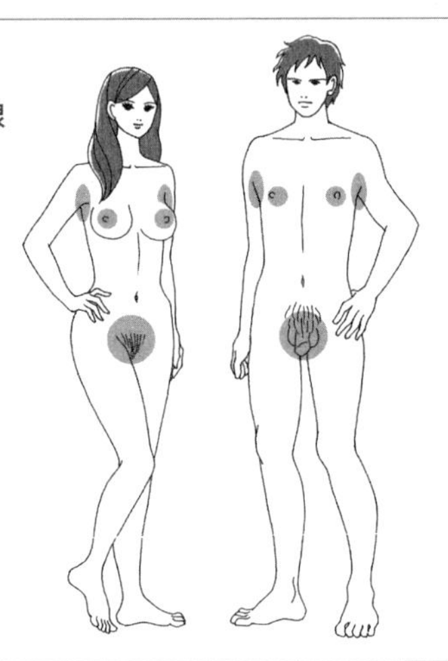

局泌汗腺多的部位，男女都一樣。只要重點清洗就不會在意了。

每個人都會有的體臭接受吧，這樣兩人的關係才會越來越好。畢竟自己也不是無味無臭的。

體毛也是一樣，不論稀疏或濃密，也是女人相當煩惱的問題。有些男人覺得很納悶，爲什麼女人不會長無用之毛呢？這是因爲很多女人勤於上美容院，或自己把體毛處理掉了。最近剔除陰毛的女人也越來越多。「女人就該沒有毛或毛很少」，這是女人靠自己努力建立起來的形象，但也變成一種束縛、勒住了女人的脖子，說起來眞諷刺。

陰毛也是各有不同。完全無毛直接露出性器或許很性感，但**長得狂野茂密也極具魅力**。無論哪一種，都是能讓人興奮的才是賺到吧。

3 懂得生理期構造的男人，深受女人青睞！保護自己也能派上用場

聽到「生理期」這個詞，男人似乎都束手無策。男人對此的認識大概是：不知道那是怎麼回事，只知道女人的身體出現不得了的現象，這段期間會出血，心情還會變得很差。能夠確實明白這一點的男人，一定會獲得女人高度評價。

男人爲了保護自己，也應對生理期有所了解。如果女人說今天是「安全期」，可以不用帶套子、射在陰道裡沒關係，結果你照做了，卻導致女人懷孕，你的人生也就改變了。

女性的卵巢每個月會孕育一顆卵子，**同時子宮內的黏膜會變厚，爲了迎**

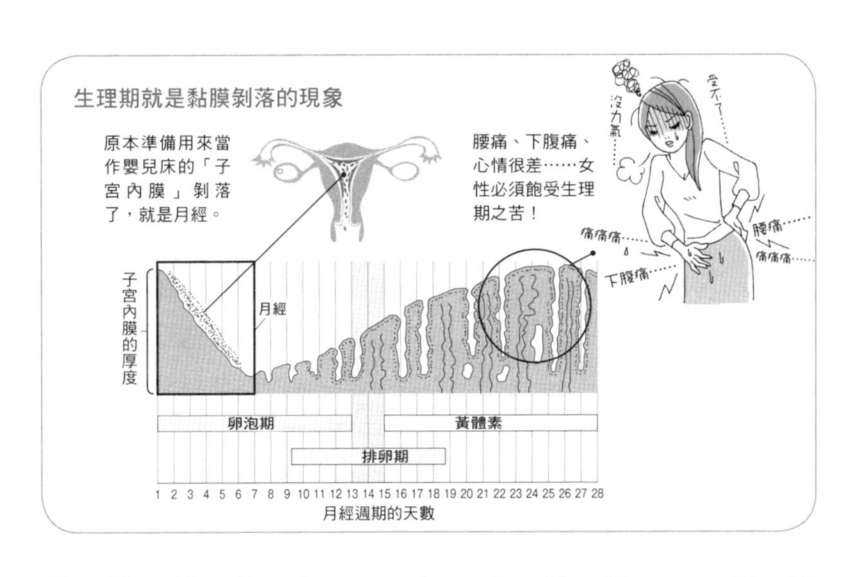

接卵子到來而做了一張床。接下來，卵子會經過輸卵管排到子宮，這就是「排卵」。如果這時卵子和精子結合並著床了，就是懷孕。若沒有懷孕，這張床就不需要了，便開始剝落。這時候會出血，和黏膜一起流出的就是月經，也就是所謂的生理期現象。

射精後，精子大約可以在女性體內存活一週，因此沒有「絕對安全」的日子，但離排卵日越遠，懷孕的可能性就越低。**如果對方是和你有穩定關係的女人，還是知道她的生理週期比較好**。這樣你也能掌握她的排卵日。別把什麼都交給她，靠自己負責任地判斷吧。

還有，生理期即將到來時，女人往往會罹患經前症候群，導致下腹部疼痛或腰痛，情緒變得很不穩定。也有人在生理期開始的幾天內，飽受劇烈疼痛之苦。這段時期的女人，眞的是多一事不如少一事。請溫柔地呵護她。

4 女人的性欲由生物節律和對你的感情決定

美國發行的男性雜誌《花花公子》的象徵性圖案是——兔子。兔子是一種繁殖力旺盛的動物，而且整年都是發情期，因此採用兔子當主題圖案。在歐美，兔子也是生命力的象徵。人類的男性也和兔子一樣，他們的性欲也不會被季節左右。

掌控性欲的是男性荷爾蒙之一的睪丸酮。男人的睪丸酮由睪丸穩定分泌，到了五十歲左右會緩緩下降。

其實女性也會分泌睪丸酮，和男性不同之處在於，它的量經常像曲線圖表般變化。關於女性的性欲有個論述，說是在「排卵日最強」「生理期前會很想做愛」。確實**排卵期的時候，睪丸酮的數值很高**。可是生理期快來的時

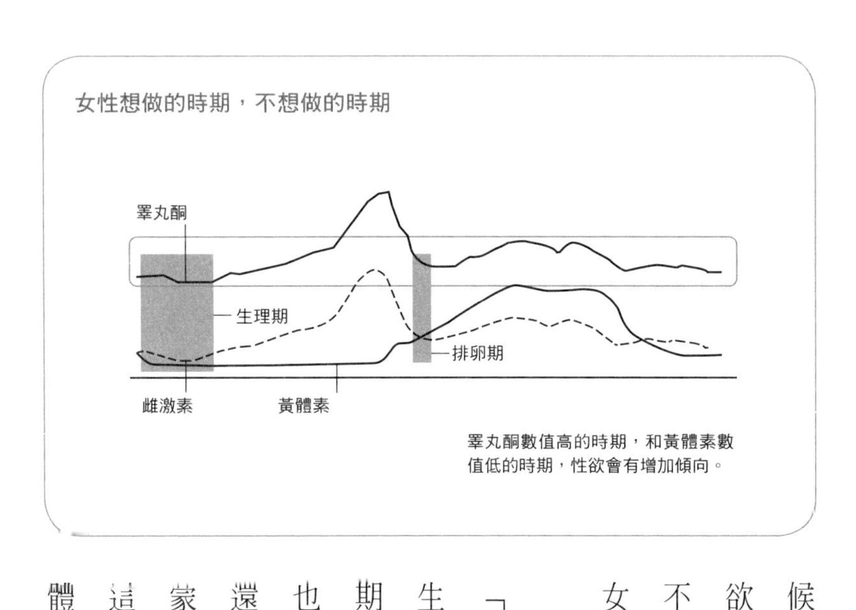

睪丸酮數值高的時期，和黃體素數值低的時期，性欲會有增加傾向。

候，這個數值會下降，但同時抑制性欲的女性荷爾蒙＝黃體素也會下降。不過睪丸酮處於相對優位，因此有些女性會覺得心煩氣躁。

就像這樣，女人的「想做」和「不想做」與男人不同，很容易受到生物韻律的影響。那麼在性欲高漲時期引誘上床的成功率比較高囉？事情也沒這麼單純。畢竟能否感受到性欲還有個人差異，大多數女人除了荷爾蒙下達的指令，還要加上「是否喜歡這個人，想和這個人做愛」，否則身體不會有反應。

如果男人認爲挑她性欲高漲時期做愛，就可以省去邀她上床和製造氣氛的麻煩，這就大錯特錯了！如此偷懶硬上的話，可能會被踢下床。

5 有的日子會濕，有些日子不會。愛液就像汗水一樣

爲什麼女人會濕呢？首先，我們來了解它的生理構造吧。

當人的大腦皮質接收到性興奮的訊息，血液會一股腦兒湧入骨盤。這時男人的陰莖會勃起；女人的陰道內血管會充血，小陰唇和大陰唇會變厚，從血管滲出潤滑液，這就是俗稱的「愛液」。

很多男人誤以爲「愛液多＝有感覺」，這對女人是很困擾的事！愛液的量有極大的個人差異。有些人明明沒什麼感覺，但陰道口卻不斷湧出愛液；也有人已經陶醉在強烈的快感中，但愛液卻分泌得很少。爲什麼會有這種個人差異呢？這也只能說是體質不同。

但**同一個女人，也會因身體狀況而使得愛液的分泌量產生變化**。生理期前很難濕，喝酒後很難濕，激烈的減肥也會變得不容易濕……很容易濕的時候和不容易濕的時候，眞的是因人而異。

雖然不能一概而論，但體內儲蓄的水分充沛時，愛液的分泌量也會比較多。眞要說的話，就像汗水一樣，只要事前多喝水，就能分泌得比較多。但我希望大家明白，**執著於愛液的多寡是沒有意義的事**。

若你想知道「她有感覺」的反應，就請仔細觀察。當一個女人有感覺時，全身都會有變化：會濕、聲音會變大、體溫會上升……等等。不能只靠一個變化來判斷。

當她不容易濕時，我建議用潤滑液。請不要頑固地堅持：「我要用我的技巧讓妳濕！」潤滑液會成爲「引水」，不久她就會開始濕了。用潤滑液完全沒有壞處，願意嘗試的人是贏家喲！

讀者來函之「話雖如此！」——3

話雖如此，身體合不合也是個問題。我試了很多方法，但她的反應一直差強人意，搞得我也興奮不起來。可能是彼此的尺寸不合吧。我常常覺得，是否在挑選伴侶的階段就錯誤了。

——27歲・男性

能一起樂在其中就是契合，尺寸和體格的問題可以解決

性愛上，確實有「契合」的問題。但這不僅是肉體上，也關係到心靈與嗜好是否契合。我曾收到一封這樣的明信片：「我的身體記住了前男友的性癖，因此和現在的男友總是合不來，覺得壓力很大。（30歲・女性）」我不知道她前男友的性癖是什麼，但這也說明了他們兩人很能享受性愛吧。這就是契合。

本書介紹了很多不當的技巧，但每個都只是最大公約數。譬如喜歡在前戲被舔得濕答答的是少數派（詳見七二頁），儘管是少數，但還是有。只要做的人和被做的人嗜好吻合，能夠燃起彼此的激情，這兩人的契合度就堪稱絕佳。

陰莖的尺寸和陰道的大小，都能靠體位彌補。體格的差異也能靠巧思補足。請參考第十二～十三章。如果擅自斷定「合不來」，看起來只是放棄進一步了解對方。無論如何，還是要靠兩人協力克服。請把它當作爲了加深彼此愛情的小試煉吧！

第 4 章

想在床上自信地做愛，自我檢查的五個要點

❶
短而整潔的指甲是幹勁表徵！也能充分展現對她的體貼

❷
淋浴一定要洗乾淨，女人喜歡亮晶晶的性器

❸
不需太過在意體毛，將陰毛剪短能預防異味

❹
做愛的地點，與其重視氣氛，更應注意兩大重點

❺
自卑不要說出口！隱藏才是上策

1 短而整潔的指甲是幹勁表徵！也能充分展現對她的體貼

現在，請看看你自己的指甲。有沒有確實剪得短而整齊？指甲內側有無殘留汙垢？或許你不覺得，但別人經常看你的指甲。尤其在她面前，一定要特別留意指甲。用餐的時候，牽手的時候，許多場合都要嚴格檢視你的指甲。**指甲的長度和指尖的清潔度，對女人是很重要的事**。

做愛的時候，男人會用手指撫摸女人身體的許多部位。乳頭和陰蒂都很敏感，用力搔抓不僅會痛，更會使得快感消褪。

更何況，陰道是黏膜組織，看到又長又髒的指甲，她隨即覺得：「會受傷！」「會把細菌帶進去！」用這種手指做激烈的抽插動作，光是想像就會讓人尖叫。汙垢會留在陰道裡，傷口也有可能造成細菌繁殖。在這種情況被邀上床也只能說ＮＯ了。因爲指甲而錯失了做愛機會——希望各位男士不要犯了這種疏忽，還是勤於修剪你的指甲，注意指甲衛生吧。

能讓女人心動的，絕非只有外表帥氣的男人。對於臉型長相的喜好，有著千差萬別。對這個女人來說是型男，對另一個女人可能就覺得不怎麼樣。但有個**任何女人都喜歡的重點，那就是「乾淨」**。無論再怎麼喜歡對方，只要想到可能會被他弄傷，或被他傳染細菌，都很難接受吧。即便眞的到了做愛階段，腦海裡也充滿擔憂，根本沒有心思享受快感。

同樣地，口腔衛生也是。既然要邀她上床，一定要刷牙！不管做不做口交都要刷牙！如果能用市面上賣的刷舌專用器具，把舌頭的汙垢也刷乾淨就更完美了。

2 淋浴一定要洗乾淨，女人喜歡亮晶晶的性器

做愛前要淋浴，將全身洗得亮晶晶！這樣可以贏得她的安心，讓她全心陶醉在快感裡。

擔心自己有體臭的男人，請把汙垢和不安一起洗掉吧！男女容易有體臭的部位都一樣，請特別清洗局泌汗腺（詳見四四頁）集中的地方。市面上有販售可以抑制細菌繁殖、並預防體臭發生的香皂，請找適合自己的來用。

當然，千萬別忘了把性器清洗乾淨！排尿時會弄髒性器，**龜頭和包皮之間也會藏汙納垢**，也就是俗稱的「恥垢」，這不僅會成為臭味的元凶，而且讓她看到那裡髒髒的……你應該能想像會怎麼樣吧。畢竟這是要放進女人的陰道裡，很容易成為細菌繁殖、黴菌性陰道炎和性病感染（性病感染，詳見

一四一頁）的原因，千萬不可輕忽。

若有多餘的包皮，更要備加小心。包莖並沒什麼不好。對女人來說，有沒有包皮包著，插入時的感覺都差不多。若你覺得包莖很丟臉，去整型外科做個包莖手術就行了。一直被這個困擾著，不也太傻了？

我希望各位男士一定要放在心上的是「乾淨」。皮的內側很容易藏汙納垢，**平常清洗時，一定要養成把皮翻過來洗的習慣**。我也建議兩人一起入浴，把它當作前戲的一部分，享受入浴之樂。互相清洗對方的身體，也會有一種安心感吧。至於沐浴乳，請盡可能挑選弱酸性，這樣清洗女性陰道黏膜時也不會痛，插入時也不容易受傷。還有插入前，一定要確實將泡泡清洗乾淨。

3 不需太過在意體毛，將陰毛剪短能預防異味

前面談過女人的體毛（詳見四三頁），而現在男人的體毛似乎也有走向稀薄的趨勢，這也是一種時代潮流。但男女之間互相吸引之處，是在於自己沒有的部分。一定也有女人很喜歡「狂野的胸毛」或「腹毛」。

毛量的多寡是由男性荷爾蒙控制，但男性荷爾蒙之一的睪丸酮也掌管性欲（詳見四九頁），因此在歐美認爲體毛濃密代表性欲旺盛，也經常贏得女人熱切的眼光。所以**體毛稀疏，也不見得是王道**。

若要我舉一個應該留意的地方，那就是陰毛。做愛前最好一定要淋浴，但也有情況不允許的時候，而這時體臭就很令人在意了。毛髮上附著的排泄物或汗水，變成臭味的溫床，碰到重要場面時，可能會被女人討厭……想到

這裡，你自己也會耿耿於懷，無法揮灑自如吧。

但只要平常注意清潔衛生，就不會有這種遺憾。我是認爲，沒有必要全部剃光。只要用剪刀剪一下，或用市售的體毛修剪器梳一梳，大概就能消除異味。

在毛髮方面，意外地讓女人不舒服的是鬍渣。據說鬍渣的堅硬度和同樣粗細的針一樣，尤其剛長出來的鬍渣，摩擦到女人柔軟的肌膚，會讓人痛得受不了！還有在舔吻女人外陰部的時候，那種刺刺的感覺也會妨礙快感。**看是要刮乾淨，還是留長吧**。她看到你連鬍子都如此用心處理，一定會很高興。這種小小的喜悅，會增加她對你的好感度。

4 做愛的地點，與其重視氣氛，更應注意兩大重點

上一章節在自身的清潔衛生方面給大家一點建議，但做愛的空間，也需要同樣用心。我要不厭其煩地說，**女人絕對不會討厭乾淨的男人**。這也意味著，若有不乾淨的要素存在，女人的心會冷掉，說不定原本能做愛的也做不成了。

地點選在自家，或賓館、都市旅館比較好。畢竟是要做開身心、纏綿悱惻的地方，所以避開車子裡那種心神不寧的地方比較好，而且不能淋浴也很傷腦筋。

若是邀她來家裡，要注意的地方有兩個。首先是，**衛浴乾淨嗎？**她會淋

浴，也會在洗臉台刷牙吧，如果待久一點也會用到廁所，所以請事先徹底清洗乾淨。其次是，**床單換新了嗎？**床是兩人的主要舞台，如果床單和枕頭沾滿汗水和體臭，威力足以大到讓她瞬間心都涼了。無論怎麼樣的床，只要想到這是她要躺的地方，答案自然就會出來了。

環境整頓好之後，接下來要布置、營造氣氛。沒必要布置得太誇張。螢光燈的白光很容易閃爍，改成橘色之類暖色系照明比較好。光是這樣，她的態度就會明顯改變。若無法更換照明，用蠟燭也可以。去旅館也要小心喔！**就算想看她的裸體，也不能把燈開得太亮**。過度激起她的羞恥心，會造成反效果。

與其太過拘泥於製造氣氛，不如將房間布置成可以傳達「我很歡迎妳」「我想在沉靜安詳的地方，與妳結爲一體」的空間！過於時尚的裝潢，對性愛沒什麼幫助。

5 自卑不要說出口！隱藏才是上策

「抱歉，我那個很小。」「我被人家說很快。」——據說有男人在做愛前會先這樣道歉。但女人聽到這種話，會不知所措吧!?

對女人來說，陰莖的大小、到射精爲止的時間長短，根本微不足道。勃起只要超過五公分，陰莖就能抵達G點。如果前戲能夠滿足身心，插入時間較短也無所謂——過去，我已經一再爲女人如此發言過，但男人似乎都聽不進去。由此可見，男人對於陰莖大小和插入時間的情結已經根深柢固了。

日本男人經常稱陰莖爲「兒子」。將性器視爲自己的分身，是男人才有的特徵。因此陰莖遭到否定，男人會覺得自己也被否定了。再加上男人的性器是露在體外，很容易和別人比較大小、形狀，所以容易罹患自卑情結。

即使「小」和「快」是事實，也別把這種自卑情結帶上床。做愛時還要一邊安慰你的缺點，這樣怎麼會做得快樂？世上沒有完美的身體。**自卑是你我都會有的！**接受彼此的身體，才會有「眞正愉悅的性愛」。只要你能愛完整的她，她也會接受你的全部。

若說女人的眞心話，其實陰莖太大的男人和晚洩的男人，才讓女人頭痛呢。因爲插入的時候會痛，長時間插入的話性器也會乾掉，而且很容易因爲摩擦而受傷。這類型男人大多會以自己的「大」和「持久」而自豪。我希望這種男人能夠明白，把這種錯誤強加在別人身上太令人困擾了。

讀者來函之「話雖如此！」——4

話雖如此，我想不用潤滑液，她就能分泌出很多愛液。所以前戲的時候，我會很拚喲～我相信只要花時間，她一定會濕。仰賴潤滑液，不就承認自己的技巧不足嗎？

——25歲・男性

不濕的時候就是不濕，任何女人都可以用潤滑液

先天體質就很難濕的女人當然可以用潤滑液，而一般女人就算平常會濕，身體狀況不佳時也很難濕，潤滑液對所有女人都是有效的。越是堅持「我要讓她濕」的男人，越是造成女人的困擾，這種壓力只會讓女人更難濕。不會濕的時候，怎麼拚都沒有用。

請把潤滑液當作涼拌豆腐的佐料。若不放佐料，只是一味地使勁「要讓它變好吃」，也不會有任何變化吧。萬一沒弄好，甚至會損壞豆腐原有的味道，一切就白費了。與其要在豆腐本身做什麼，不如加點佐料比較快，而且有效。它可以引出豆腐的味道，讓它變得更可口。一般小孩不太喜歡佐料吧。知道佐料的效果正是成人的證明。同樣的，懂得運用潤滑液才是眞正的技巧熟練者。

即便她是個不需要擔心愛液量的人，也請務必用用看，可以配合其他情趣用品一起用。陰蒂、乳頭都很怕乾燥的摩擦，只要滴一兩滴潤滑液，她的敏感度會提升到驚人的地步喲！

第 5 章

全身撫摸和乳頭愛撫，讓她慾火焚身的前戲五絕技

❶
胸部和陰蒂往後延！為插入後的快感確實做助跑

❷
常保冷靜，不急躁的男人才是前戲高手

❸
全身愛撫的關鍵是「憐愛」，啾～地溫柔親吻，或用啄的！

❹
不是搓揉乳房，而是——像捏著水果般輕柔愛撫乳頭

❺
最高明的舔乳頭方法是「以唇包覆」，但不要刻意舔出聲音

1 胸部和陰蒂往後延！爲插入後的快感確實做助跑

說到前戲，大家可能會想到撫摸胸部、刺激陰蒂等行爲吧？這一連串在陰莖插入陰道前的愛撫，確實非常重要。不過以陸上競技的三級跳遠來說，這只是「騰步」（Hop）和跨步跳（Step）而已，到能夠跳躍（Jump）＝插入，也就是順利跳起來的距離，**還需要助跑輔助才行**。

換句話說，不能因爲已經上了床，就朝著乳房或性器猛攻。男人一旦勃起就可以做愛，但女人要點燃性欲之火需要一段很長的助跑距離。

或許你會覺得單方面配合女人的步調很不公平，但爲了讓她沉浸在滿溢的性欲裡，這個步驟不能省略。

高明的助跑，要從擁抱開始。因爲女人的性欲，在全身被撫摸時才會覺醒。然後再接吻，一邊抱著她，一邊撫摸頭髮，撫摸臉頰，親吻脖子……一旦開始助跑，她的身體一定會有反應，例如身體會扭動起來，腰部會靠過來。當她全身都鬆軟時，就是委身於你的證據了。這時就是「騰步」（Hop）的時機，也就是撫摸她胸部的時機。詳情請參閱第七五頁。

男人這時也慾火焚身了吧。然而把快感往後延，更能增添甜美喲！如果這時把持不住而插入，只會縮短助跑的距離，這樣實在太可惜了。

兩人一旦交往久了，可能會省略助跑的這個部分，或是隨便做做，這樣不僅會讓她的感受度下降，也會影響到整體的熱烈氣氛。「以擁抱開始，以擁抱結束」——不忘做愛初衷的男人，才是贏家。

2 常保冷靜，不急躁的男人才是前戲高手

爲了有華麗的跳遠，必須有「騰步和跨步跳」以及之前的助跑，大家都明白這個重要性了吧？前戲的目的在於：1讓女人的身體變成可以插入的狀態；2提高兩人的「性趣」。爲了過這一關，**男人要經常保持冷靜**。這看起來好像和2相互矛盾，但男人若興奮到忘我的地步，經常不會顧慮女人的感受。因此箇中的拿捏，就只能靠身爲男人的你了。

現今社會充斥著性愛技巧的資訊，但這並非現在才開始。早在江戶時代的「四十八手」就介紹很多體位和口交技巧，而中國的《房中術》或印度的《愛經》等書，也傳授許多古今中外的性愛技巧，引起廣泛的關注。

看了這些性愛技巧書，你可能曾想像：「如果用在她身上，她可能會很

高興吧？」因而感到興奮刺激。這在性愛的溝通本身是健全的，但她眞的躺在床上時，請先冷靜一下——你會不會太過於想嘗試期待中的技巧，而只是自己在那裡興奮？完全不顧她的感受就猴急地揉捏她的乳房，使勁地舔吻她的性器……

對你而言，這是能讓你興奮的行爲，但對她未必如此。**看到你一個人在那裡興奮陶醉，她可能會傻眼吧**。她的感覺已經被忽略了，因此叫她跟著你從插入到射精一氣呵成，可能性幾近於零。

前戲的功夫最該學的是「平常心」。要經常退一步觀察自己，當一個不猴急、冷靜的男人吧。

3 全身愛撫的關鍵是「憐愛」，啾～地溫柔親吻，或用啄的！

助跑的過程中難免心急，會想摸柔軟的胸部，想讓性器連結在一起，但請忍耐一下。我希望你先撫摸胸部和性器以外的許多部位。從後面抱著她親吻，然後慢慢擴大範圍，耳垂、頸部、背、腳……用你的手指和嘴唇，在你覺得憐愛之處遊走。與其賣力要「讓她有感覺」，不如專注在愛憐她。

至於技巧方面，**我勸各位男士不要用舌頭到處舔**，一副像夏天的小狗吐出舌頭，口水還滴滴答答地流下來，在身上到處塗抹的德行，眞是太不聰明了。這樣舔得濕答答的，豈止不舒服，簡直難受死了！這些都屬於二四頁提過的「無效愛撫」。

不要舔得都是口水！
用舔的，不如親吻
GOOD
啾
啾
啊啊嗯
驚喜
不只是嘴唇，要親吻她的全身！
發出啾～的可愛聲音也很有效果。
BAD
舔舔舔
不要！
哈哈
興奮得氣喘吁吁，把她的肌膚舔得濕答答的模樣，實在令人不敢恭維……

正確的方法不是「舔」，而是「啄」。像小鳥在啄飼料一樣，**可愛地嘟起嘴唇，啾～地親吻，時而啾啾啾地遊走**。

舔代表性的性感帶（如胸部、脖子、外陰等）以外的地方，幾乎都會無疾而終。雖然也有人被舔腳趾或側腹會感到興奮，但比例很低。

儘管如此，如果你有真的很想愛撫的特定部位，就等多做幾次愛再說吧。在那之前，暫時停在傳統的性感帶比較保險。做的時候一邊觀察她的反應，「可以吻到這裡ＯＫ」「那下次就前進到這裡吧」，關鍵在於慢慢花時間探索。**親吻陰部也不能用硬來的，逐步探索可能比較妥當**。不要急，拿出你的誠意是第一步。

4 不是搓揉乳房，而是——像捏著水果般輕柔愛撫乳頭

「胸部有感覺的只有乳頭！」——這句話要滲透到男人的腦袋瓜裡，恐怕要花很多時間吧？

乳房實在太有魅力，男人會醉心於此也無可奈何。但我希望各位男士能夠心有餘力，想起開頭那句話。**忘我地搓揉乳房的模樣，比你想像中來得愚蠢**。

儘管如此，你還是想摸的話，請先滴上潤滑液，像按摩般地輕輕揉摸吧。若大把猛抓的話，女人會懷疑「他喜歡的不是我，而是乳房吧」，因此對你感到失望。愛撫乳頭時也可以用潤滑液。比起乾燥的手指，濕滑的感覺

① 以擠出葡萄果肉的力道揉捏

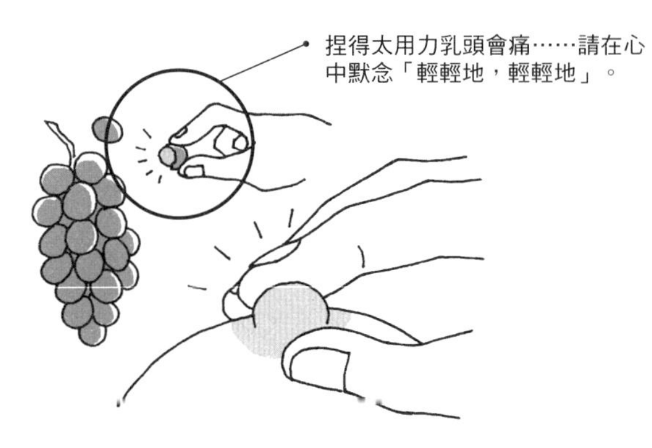

捏得太用力乳頭會痛……請在心中默念「輕輕地，輕輕地」。

② 將愛撫集中在乳頭

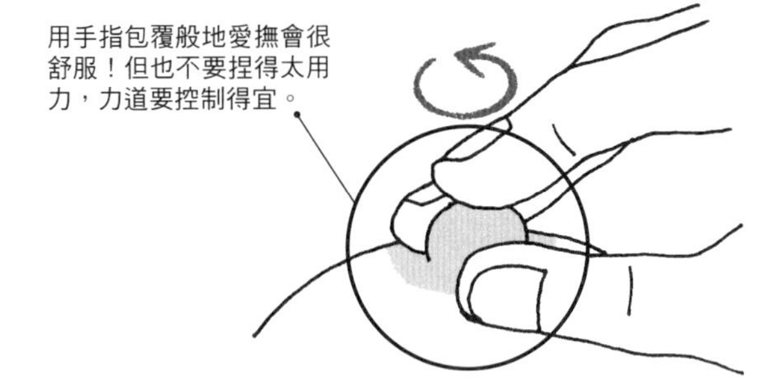

用手指包覆般地愛撫會很舒服！但也不要捏得太用力，力道要控制得宜。

絕對好上千萬倍！

接下來介紹溫柔觸摸乳頭的技巧。像在捏珍珠紅葡萄般（插圖①），用手指捏著乳頭，**力道則是可以從果皮中擠出果肉的程度，這種強度最適合**。她會同時感受到你的溫柔和適度的刺激。

乳暈並不是那麼有感覺，但乳頭的側面有感覺。用拇指和中指溫柔地捏著側面（插圖②），用食指刺激上面，這樣就能愛撫到整個乳頭，大多數女性都會很愉悅喲。

5 最高明的舔乳頭方法是「以唇包覆」，但不要刻意舔出聲音

用手將兩個乳房擠向中間再往上托，然後舔乳頭舔到滋滋作響……這樣女性十有八九會冷掉，因爲她知道你只是在模仿追求視覺刺激的A片技巧。「眞正愉悅」的舔法，眼睛是看不出來的。爲什麼呢？**因爲乳頭被含在嘴裡面。**

首先像用吸管在喝飲料般（插圖①），輕輕地用整個嘴唇包覆乳頭，然後再輕柔地吸吮。用這個方法不會出現刻意吸吮的唾液聲。用舌頭舔的時候，也可以在嘴唇完全包覆的情況下舔。雖然動作無法像只用舌頭舔來舔去那麼大，但女人這樣就很滿足了。**與其動作誇張，不如確實集中刺激比較**

① 與其只用舌頭亂舔，不如將整個乳頭含在嘴裡

② 手指和舌頭的雙重技巧，她會很有感覺

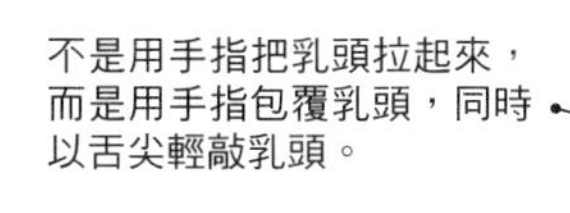

好。

用舌頭在乳頭繞來繞去舔吻也不錯，但我建議用舌尖輕敲乳頭比較有效。若想用牙齒輕咬乳頭的方式愛撫，請先確認她想追求強烈的刺激再做。因人而異，有人會覺得痛。功力好的人可以同時挑戰七六頁插圖②的技巧！用手指捏著乳頭的側面（插圖②），同時用舌尖舔乳頭的頂端，這種複雜的快感會讓女人渾身顫抖。

讀者來函之「話雖如此！」——5

話雖如此，我的女友很喜歡喝精液！每次都說一定要口交。最後她幫我喝精液時，我真的爽死了。因為她說「很好喝！」喝得很感激的樣子，而且還會渾身顫抖，所以這對我們是很重要的儀式。

——26歲・男性

你自己先喝喝看吧！就會明白她的愛有多深

口交最後射在嘴巴裡，想必很舒服吧。畢竟嘴裡潮濕溫暖，而且自己只要躺著或坐著就行了。不過女人要不斷用下巴和舌頭弄到射精爲止，是非常痛苦的事。要是拖太久，不少女人會開始焦躁，「希望你快點射」。若每次都被強迫這麼做，任誰都會憂鬱的。

喝精液本身對身體沒有不好的影響，所以也沒什麼問題。但在要求她喝之前，你自己在手淫的時候也舔舔自己的精液吧。雖然對於味道的嗜好，人各有異，但基本上精液有一股腥臭味，而且苦苦的，不可能「很好喝！」吧。就算有人喜歡這一味，我想它也不會變成香味或甜味。

儘管如此，她還是照喝，這表示她「非常愛你」。她是把這樣的舉動當作愛的表現，很努力在做。她這麼愛你，你是否還要強迫她做痛苦的口交，並且喝下去……這就看你的人性了。

第6章

目標是高潮！愛撫陰蒂的五個絕技

❶
女人容易高潮的陰蒂，從知道它的真面目開始攻掠

❷
陰蒂的愛撫在一開始最重要，撥開包皮千萬要輕柔謹慎

❸
陰蒂最喜歡濕潤，用愛液讓她焦急難耐

❹
陰蒂愛撫的收尾只能用手指！關鍵在於能夠多麼輕柔

❺
以悠緩的心情舔吻陰蒂，目標要集中！

1 女人容易高潮的陰蒂，從知道它的眞面目開始攻掠

想讓女人高潮的男士們，請用陰蒂來達成你的願望吧。**只要不弄錯順序，確實能達到高潮**。

陰蒂露在外面的部分叫做「陰核龜頭」（左頁圖），這裡和男人的龜頭一樣，聚集了同樣數量的末梢神經。由於神經凝聚在如豆粒般小的器官，因此非常敏感。當它有感覺而充血勃起時的樣子，也和陰莖很像。

這個陰核龜頭有四隻腳延伸出去，附著在陰道裡。當陰核龜頭充血時，這些腳也會勃起。血流因快感而加速，整個陰蒂會腫大起來，這就是她高潮的證據。

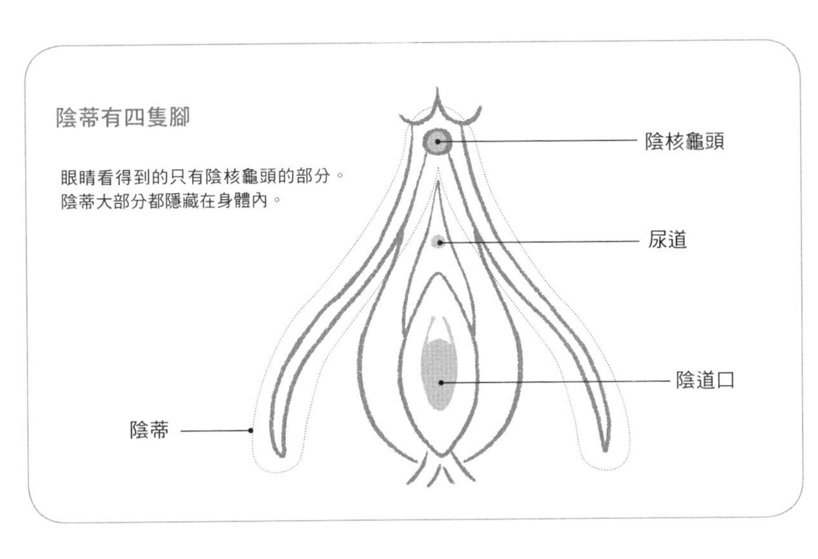

做愛時，她也期待陰蒂高潮。很多女人都能藉由刺激陰蒂得到快感，而且**女人們很喜歡從這裡獲得快感！**多數女人也因此知道高潮的感覺，想得到高潮的難度並非那麼高。

陰蒂高潮的感覺，其實也和陰莖很像。大概有○．八秒會感覺血管猛跳，恍惚陶醉的強烈快感奔竄在整個性器上。即便這個高潮讓女人得到滿足，但陰道內的快感並不會減弱。反倒是陰道口的筋肉會收縮，使陰道突然變得很緊，因此插入陰莖時的爽度也會提高。**能達到所謂「縮得很緊」**

的美妙狀態，插入的男人也會覺得很舒服吧。既然雙方都能有快感，就沒理由不試試看。插入前讓陰蒂得到高潮，是前戲的最終目標。

2 陰蒂的愛撫在一開始最重要，撥開包皮千萬要輕柔謹慎

陰蒂是非常「細膩雅緻」的器官，緊緊地穿著一件名爲包皮的衣服。因爲神經聚集在這裡，若平常就露在外面，刺激會太過強烈。由於構造和快感的組成和陰莖相似，所以很多男人也搞不清楚，但**千萬不要突然用手指撥開這層包皮！**（插圖①）細膩雅緻的陰蒂會立刻萎縮，退到更裡面去。

剛開始從內褲外面謹慎撫摸就好！中間隔著一層緩衝，比較能有適度的刺激。如果她已經全裸，要直接撫摸，請務必從包皮上開始，以按壓的方式，整片大大地揉摸以刺激陰蒂。

等陰蒂稍微膨脹後，將手指放在陰蒂上方（腹側）（插圖②），輕輕

① 陰蒂非常敏感，到撥開之前要花時間

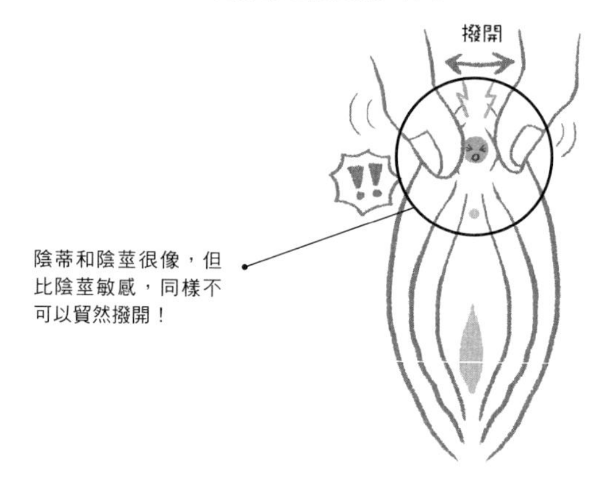

② 不要直接觸摸，面對陰蒂前端的方法

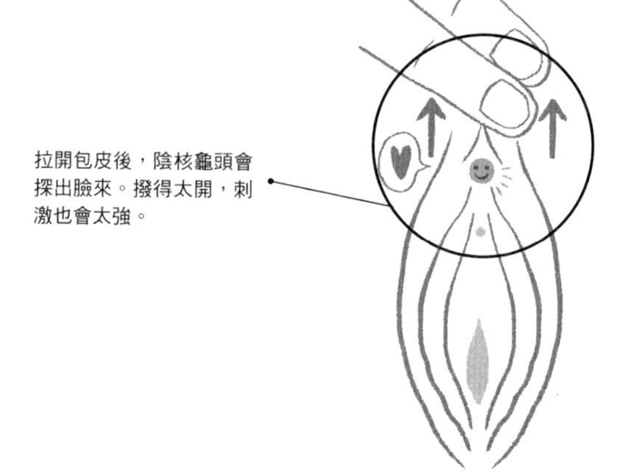

地拉開全體。這時龜頭的前端會露出臉來。眞是個害羞的器官啊！不過，**只要稍微看得到就很夠了**，因爲前端是最纖細、最敏感的。只要輕輕撫摸這裡，她就會被快感貫穿。

假如你摸得太焦急且用力，讓她覺得「痛！」的話，就要再花很多時間，她才會有感覺。「欲速則不達」最適合用來形容膽小的陰蒂。

3 陰蒂最喜歡濕潤，用愛液讓她焦急難耐

當你面對陰蒂的前端時，請再登上一階更慎重的階梯。**陰核龜頭很討厭突然被強力觸摸，而且也不能乾燥地摩擦**。這時有很多方法可用，例如可以先用唾液濕潤指尖，或用潤滑液，而我在這裡要介紹一種從女人自己身體引出愛液的方法。這個方法會讓她焦急難耐，也有提升快感的效果，可說是一石二鳥。

直接碰觸陰蒂之前，先用手指在小陰唇的內溝裡爬行（插圖①）。對男人來說，女人的小陰唇相當於男人的陰囊，這裡本身並沒有性快感。但反覆在這裡撫摸的話，會撼動陰蒂的源頭到腳的部分，慢慢地，快感就會擴散開來。但不要使勁地搓，**要像在按摩一般、讓她放鬆的感覺去撫摸**。請把它

① 輕輕地搖動，引出愛液

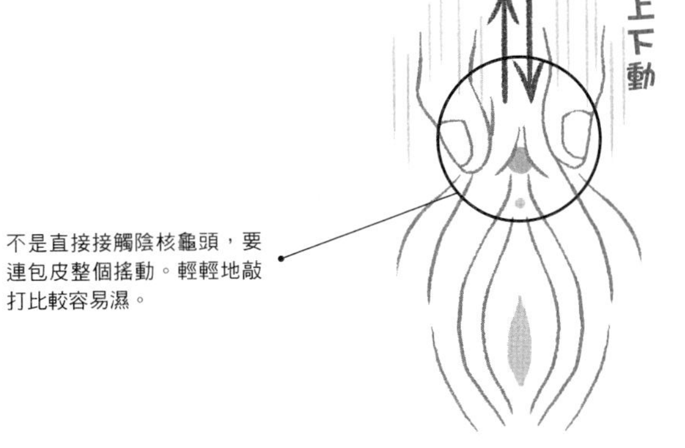

不是直接接觸陰核龜頭，要連包皮整個搖動。輕輕地敲打比較容易濕。

② 別用乾燥的手指觸碰陰蒂

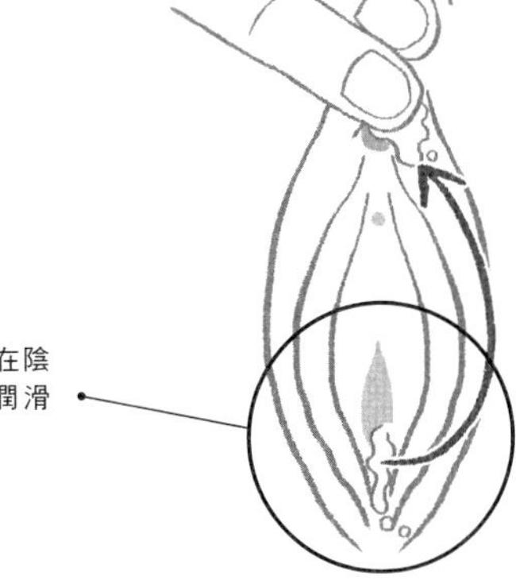

愛液出來後，充分地塗抹在陰蒂上。若量太少，請用潤滑液。

當作撥開包皮前的準備動作，在力道上要小心拿捏，千萬不要太用力捏陰核龜頭。

接著，等她濕了以後（插圖②），用手指輕輕沾一些愛液，像塗抹般地撫摸陰核龜頭。這時陰核的前端，已經在等待你的撫摸了。爲了回應這個期待，請帶著愛意溫柔地撫摸它吧。

4 陰蒂愛撫的收尾只能用手指！關鍵在於能夠多麼輕柔

愛撫陰蒂的壓軸角色，依然還是指尖！這考驗著你的指尖功力有多麼細膩生動，來引出她的高潮。

男人「想讓她高潮」時，容易傾向於用手指使勁地搓揉，激烈地做抽插運動，但這實在太粗暴了。其實對女人眞正有效的，是輕柔地觸摸。要是一直用力揉壓陰蒂，女人永遠不會有高潮。就像使用智慧型手機一樣，在操作觸控面板時，一直將手指壓在上面也不會有反應。反而是輕輕地彈一下，比較有反應吧。當你要輕彈陰蒂時，請想起這時的力道。**如果用指腹輕輕敲彈，陰蒂不久就會有感覺**。以同一根指腹輕輕按在上面，反覆地旋轉揉

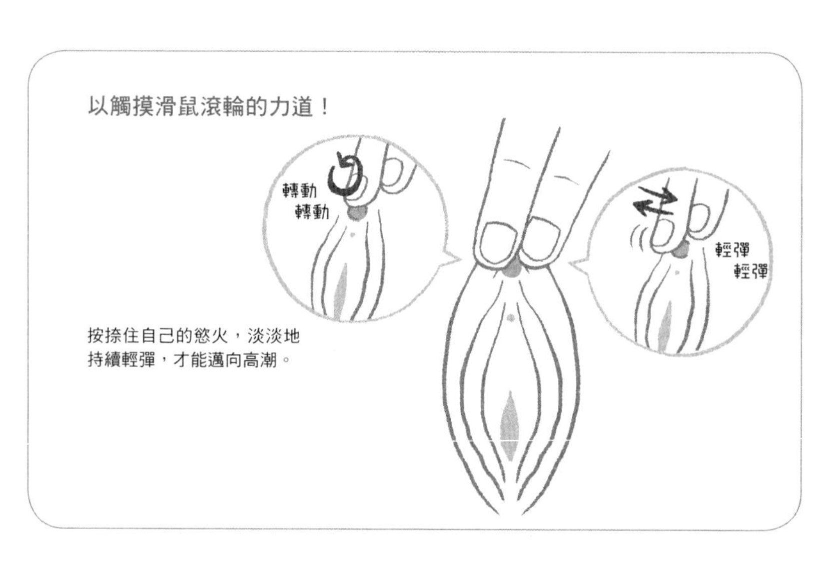

壓，也是取悅女人的方法。這時請想像你在操作電腦滑鼠的中鍵滾輪，不是「死命地按壓」，而是「輕輕地轉動」才能更有效。

至於節奏也不能變來變去。請在腦海裡唱著〈古老的大鐘〉這首歌，「好～大～好～高～的～古老～的時鐘～」淡淡地以這個節奏進行撫摸。假如她露出討厭的反應，一定要特別注意！可能是你太心急，或是突然加快節奏，或者太用力，這些都會讓女人的高潮感萎縮褪去。

請回想你自慰時快要高潮的情

況。感覺快要射的時候，你會維持這個節奏一路奔向射精吧。女人也是一樣。保持你自身的平靜，引發她的高潮吧。

5 以悠緩的心情舔吻陰蒂，目標要集中！

我一開始就要斷言：想以舔吻的方式達到陰蒂高潮，很難。

陰蒂很排斥乾燥的摩擦，因此用溫潤潮濕的舌頭愛撫是OK的。不過，人類的舌頭無法那麼靈巧轉動，況且還要維持固定的節奏、長時間轉動，這實在太累了。長時間針對陰蒂這麼小的器官進行愛撫，還是以手指為佳。因此，口交時不要拘泥於高潮，以悠緩的心情來寵愛她吧！

用舌尖去戳舔陰蒂時（左頁圖），要多流一點口水！多到口水會從陰蒂前端滴下來，這樣一定很舒服。吸吮時不要吸入空氣，要溫柔地含著吸起來。這和愛撫乳頭很像（請參閱七五頁），但陰蒂是更敏感的器官，因此

能掌控舌尖的形狀和動作才是高手

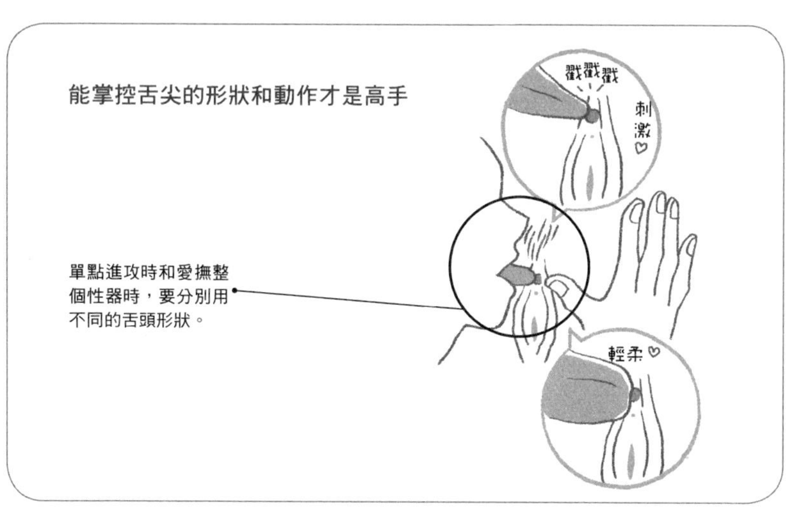

單點進攻時和愛撫整個性器時，要分別用不同的舌頭形狀。

切記要「輕輕地，輕輕地」。時而大大地伸出舌頭，從陰蒂的根部大膽地舔上去，混入這種愛撫方式也很棒喔～

至於舔的時候發出濕濡聲，有些女人喜歡，有些則不喜歡。有人覺得這種濕答答的聲音很沒水準，但也有人聽到這種聲音會很興奮。

即使口交很難達到高潮，但舔吻時還是要集中在陰蒂！難得可以面對女人身體最敏感的突起部位，所以別在大陰唇和小陰唇繞遠路，**單純且直接舔吻她的陰蒂，這也是她的願望喲！**「別做無效的愛撫」是鐵則。

但有些女人對於陰部被舔會產生心理上的排斥，所以千萬不要強迫她。能不能舔陰部，請交由她自己來判斷。

讀者來函之「話雖如此！」——6

話雖如此，我對一般的做愛方式已經膩了，所以想進階挑戰比較另類的做愛方式。首先從肛交開始，然後蒙眼或捆綁等SM的遊戲……這樣才能極致地享受做愛吧！

——33歲．男性

有危險的遊戲，只有敢負責的人能玩

爲了溝通的性愛，和爲了追求快樂的「遊戲」，兩者是不同的東西。這沒有高尚低下之分，畢竟是兩人一起做的事，只要確認她也眞的想玩這種遊戲，兩人都同意即可。千萬不能模稜兩可地硬拉對方進來玩。

遊戲有時會伴隨著危險。如果你沒有正確的知識，爲了自身著想，我勸你還是不要隨便冒險。

肛門周圍是性感帶，但要插入就另當別論了，因爲直腸很可能受傷，也會成爲很多疾病的原因。用手指加潤滑液愛撫肛門周圍就已經夠舒服了，所以就到此爲止吧。若要繼續玩下去，請先具備應有的知識再玩。畢竟兩人是在做危險的事情，千萬別忘了要先建立穩固的信任。剝奪身體自由的SM遊戲，更需要兩人堅定的信任感才好進行。

信任、安全、知識——如果不具備這三個要素，就沒有資格玩另類的性愛遊戲。

第 7 章

插入前的重要階段，以愛撫讓她舒服的五個絕技

❶
陰道是靠皺摺來感受！想要有更棒的快感，直接進攻 G 點

❷
插入前別硬要讓她高潮！即將到達巔峰前，戛然結束

❸
彎起手指輕輕撫摸，光是這樣 G 點就有感覺

❹
A 片裡激烈的手指技巧只是表演！女人討厭的三種「錯誤示範」

❺
拋棄對潮吹的幻想！噴出的東西其實是……

1 陰道是靠皺摺來感受！想要有更棒的快感，直接進攻G點

從陰道口到子宮口的管狀器官，稱爲陰道。陰道上滿是黏膜，經常和口腔一樣，溫暖潮濕，表面有很多皺摺。其實處女膜也是其中一個皺摺，它是靠近陰道口的較大皺摺，在第一次迎入陰莖時，有人會破裂，但也有些人在騎腳踏車等日常生活中就會磨損了。如果到初體驗還保留處女膜，除了會痛之外，對女人沒有任何好處。

這些皺摺和陰莖摩擦時，會產生快感。女人的縐褶並非一片片地感受，但藉由適度的摩擦會很舒服。如果想更加銷魂，請狙擊陰道最敏感的G點。

儘管很多人都聽過「G點」這個詞，卻不知道它正確的實態，只知道這

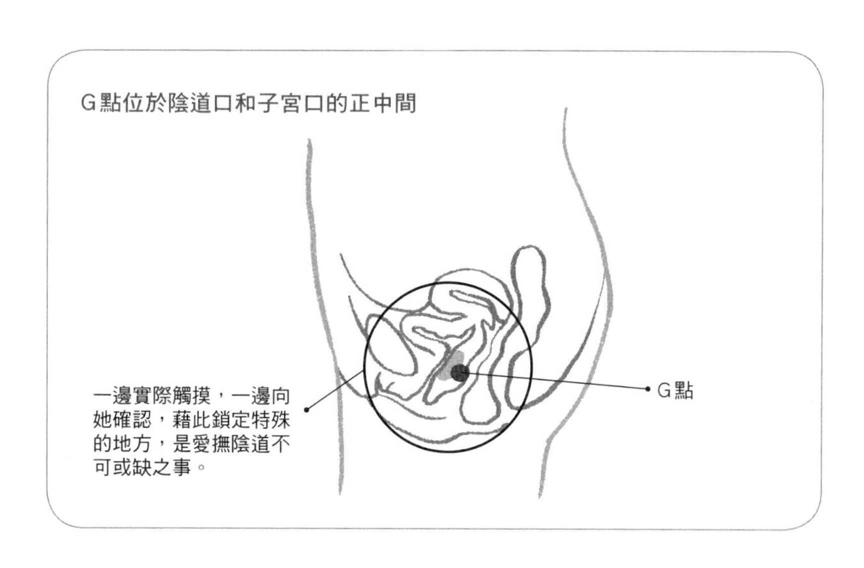

是能讓女人狂亂的魔法開關。

G點其實是陰蒂的一部分——我這麼寫，想必各位很驚訝吧。我們眼睛看到的陰蒂，其實只是冰山一角。陰蒂的腳伸得很長，纏繞在陰道上（詳閱八五頁）。事實上，這個腳才是G點。從陰道內側巧妙地刺激這裡，女人就會進入恍惚狀態。

請記住，G點的位置剛好在陰道口和子宮口的中間，腹側的陰道壁上，大小約一公分，令人頭痛的是G點並沒有特殊記號。

女人可能連自己都無法掌握正確

的位置。但只要插入手指，一邊慢慢刺激尋找位置，一邊詢問她的感覺，就能確實找到。**尋找的過程也是一種享受喔！**

2 插入前別硬要讓她高潮！即將到達巔峰前，戛然結束

在這裡，請各位男士傾聽世上女人的心聲。「我可以有陰蒂高潮，但無法陰道高潮。」——很多女人都有這個煩惱。說不定，你的她也是其中之一。

陰道，也就是G點的高潮非常銷魂，陰蒂高潮則略微遜色。這種想法似乎根深柢固，但**我敢斷言，光只是陰蒂高潮就是非常銷魂的體驗**。陰蒂高潮有著恍惚般的陶醉快感，這就已經很夠了。

女人的身體會記住自己的高潮。男人在導引方面必須具備很多條件，例如陰莖或手指的大小，插入的深度、角度，活塞運動的速度、興奮程度等

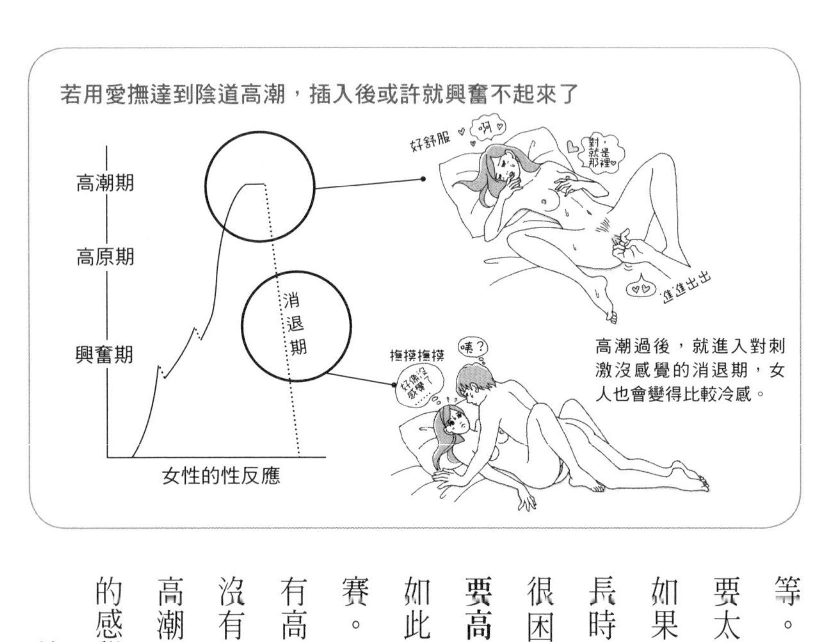

若用愛撫達到陰道高潮，插入後或許就興奮不起來了

等。以高潮爲目標是很棒的事，但不要太過拘泥於插入前一定要有高潮。如果太過堅持「我要讓妳高潮！」而長時間胡亂對陰道進行愛撫，女人會很困擾。即使剛開始很舒服，但只**要高潮一過，身體的性致就冷卻了。**如此一來，插入後就變成了一場消耗賽。坦白說，這是很無趣的事。已經有高潮經驗的女人另當別論，若是還沒有經驗的女人，剛開始別硬要讓她高潮，請拿出耐心讓她自己記住高潮的感覺吧。

前戲分爲兩個階段最理想：在陰

蒂高潮→在陰道炒熱氣氛。如果能在這裡做出美好的流程，插入後的感度和興奮也不同。

若能理解到這裡就沒問題了。可以發出讓手指進入陰道的訊號，男人即將入侵神秘領域了喲！

3 彎起手指輕輕撫摸，光是這樣G點就有感覺

手指要插入陰道時，請讓她仰躺，雙腳稍微打開。這時只要用你慣用那隻手的中指，或一隻無名指即可，但剛開始兩隻手都要準備。**空著的那隻手，負責撥開小陰唇**（插圖①）。小陰唇像荷葉邊一樣長在陰道口周圍。但小陰唇比較大的女人，當你的手指伸進去時，有可能會把小陰唇也捲進去。小陰唇被拉到會很痛，請千萬小心謹慎。

手指插入後，直直地往裡面去。如果她夠濕的話，應該一下子就進去了。整根插進去後，輕輕彎起手指（插圖②）。**這時指腹頂到的地方，就是G點**。陰道壁的另一邊有陰蒂的腳，因此從內側刺激。

接著介紹正確的愛撫方式。指腹一旦碰到G點，請像畫小圓般轉啊轉地

① 撥開入口周圍的荷葉邊之後，插入手指

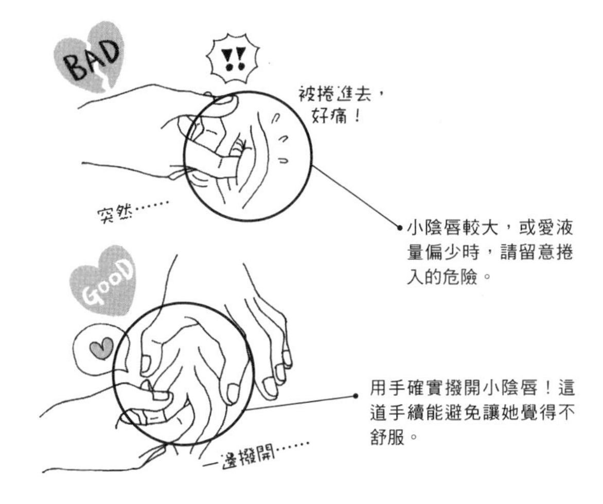

BAD
!!
被捲進去，
好痛！
突然……
小陰唇較大，或愛液量偏少時，請留意捲入的危險。
GooD
用手確實撥開小陰唇！這道手續能避免讓她覺得不舒服。
一邊撥開……

② 手指的關節都柔軟地彎曲起來

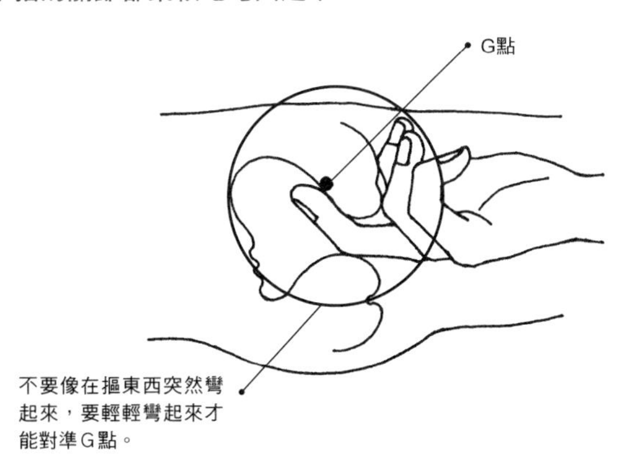

G點
不要像在摳東西突然彎起來，要輕輕彎起來才能對準G點。

揉壓那個地方，或是輕輕地敲啊敲也可以。至於力道方面，和愛撫陰蒂一樣（詳閱九三頁），想像你在操作智慧型手機的觸控面板一樣，**輕輕地持續做**下去。光是這樣的愛撫，她就會有感覺，整個人就像登上快感的階梯。

4 A片裡激烈的手指技巧只是表演！女人討厭的三種「錯誤示範」

看到前一章節的陰道愛撫法，覺得「只要這樣？」的人，受到A片影響太深了！我們配合「錯誤示範」一起看吧。

錯誤1：放進好幾根手指。G點的直徑大約一公分。只要一根手指就綽綽有餘，放入兩、三根（插圖①）只會錯失舒服的地方！而且還會痛。

錯誤2：激烈地抽插。用手指做激烈的活塞運動，或是不斷地旋轉手指（插圖②）都是嚴禁的。因爲激烈而興奮的只有男人，女人則是痛到想尖叫！

錯誤3：舔吻陰道。對舌頭的愛撫有感覺的只有陰蒂。舌頭太軟了，不

① 愛撫G點一根手指就夠了

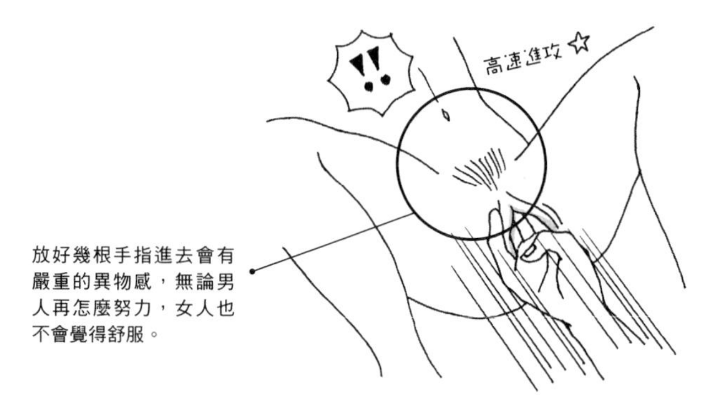

② 迴轉手指會拉到裡面，很痛！

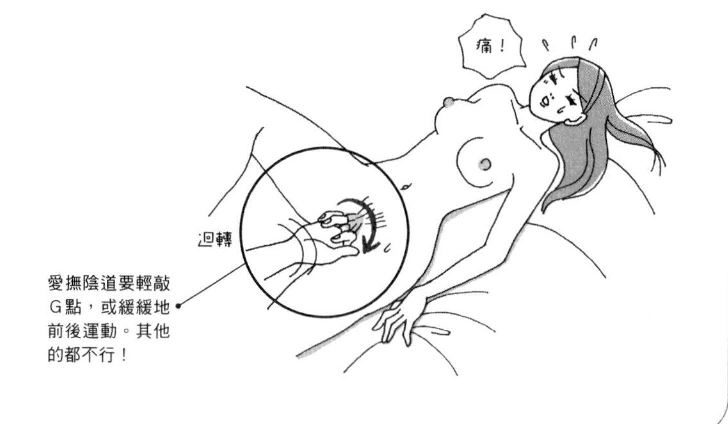

痛！
迴轉
愛撫陰道要輕敲G點，或緩緩地前後運動。其他的都不行！

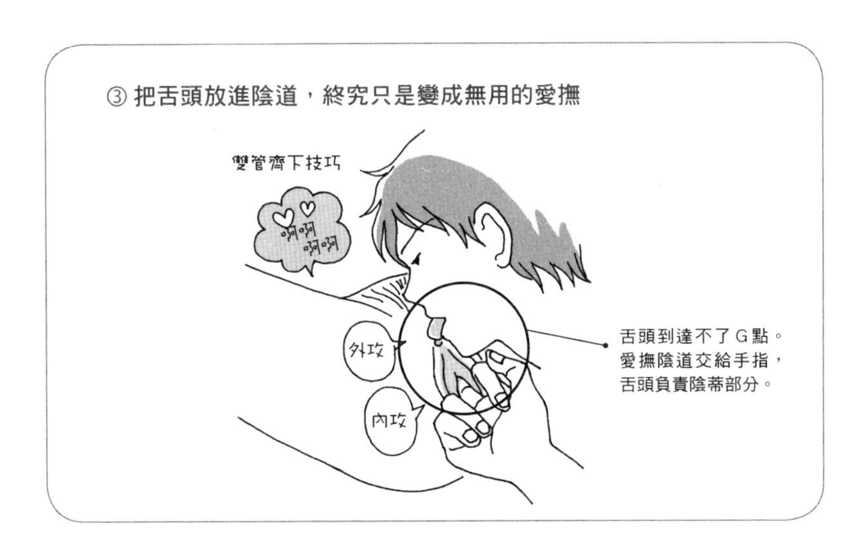

足以入侵陰道。但以舌頭舔陰蒂＋手指愛撫陰道的雙重愛撫，則是大受歡迎（插圖③）。

5 拋棄對潮吹的幻想！噴出的東西其實是……

請別把愛撫陰道的目標設爲「潮吹」。有人把潮吹說成「女人的射精」，但這種形容基本上就有問題。即便那個現象看似從陰部噴出液體，但女人的潮吹絲毫沒有快感可言。**反倒是必須忍耐這種爲了使女人潮吹的粗暴刺激，而感到十分痛苦**。

距今兩千多年前，從印度的《愛經》時代開始，人們就對「潮」的眞面目興致勃勃。雖然現在仍處於爭論階段，但因解剖學的進步，出現了一個具有說服力的說法，那就是——**「潮」是女性前列腺分泌出的液體**。

女性的前列腺在膀胱出口附近，也在G點旁邊。如果男人以一〇八頁介紹的方法刺激G點，也會一起壓到前列腺，結果就會導致前列腺的分泌液漏出。而它的量頂多只有幾毫升，甚至也少到女人自己都沒感覺，因此根本無法成爲快感或高潮的證據。

男士們可能會問：「A片裡的潮吹，量可沒這麼少喔。」而是氣勢驚人「唰！」地大量噴出來。能夠儲藏這麼多水分的地方，只有膀胱。就如一〇三頁的圖所顯示的，G點和膀胱的位置也很近。我也看過A片裡的潮吹畫面，那是用手指激烈地抽插陰道。目標就是膀胱，結果女人就失禁了。儲存了這麼多的量，幾乎沒有顏色也沒有味道。

雖然女人高潮時的反應難以捉摸，但也別爲了硬要證明而讓女人受苦，這樣只會產生反效果。**只要好好疼惜她的身體，細心愛撫，她一定會報以笑容**。這才是最好的證據吧。

讀者來函之「話雖如此！」——7

話雖如此，她在床上像一條死魚，對性愛很冷感，不管我怎麼做，她都沒反應。我好像在做單人相撲，有時覺得很空虛……如果她能乾脆假裝很舒服，這樣彼此還能有一點興奮感吧。

——24歲・男性

或許她完全沒感覺，但像A片般的反應——是幻想！

性愛是藉由身體進行的對話，假如你跟她說話，她卻沒有任何反應，或許是她覺得「很無聊」，這也沒辦法。

不過，她是眞的沒反應嗎？或許只是沒感覺，所以才沒有回話吧。沒有反應，也是一種反應。如何才能把她的反應引出來，或許她會有所建議，不然你可以問問看。若只爲了自己的興奮感，要求她假裝很舒服，簡直荒謬至極！這麼做的話，你的性愛會永遠很爛。

還有一個可能性，就是她的「聲音」很小。臉頰有點紅，稍微有些吐息……她明明有反應，只是沒有誇張到很期待的樣子，所以你沒有察覺吧。平常我們在和人交談時，如果對方聲音很小，我們會側耳傾聽。A片裡女人的反應，就像用擴音器在說話一樣。一般人說話不可能那麼大聲，請好好磨練你的接收天線，才能接收到內斂低調的反應。

第8章

讓她不討厭口交&飄飄欲仙的五個絕技

❶
想讓她幫你口交，要引出她「想做」的感覺

❷
用手撫摸和舔前端。舔陰部是「鋪陳」，用以解除她的警戒

❸
從正面面向陰莖，請她集中舔有感覺的地方

❹
為了不讓她難受，請選擇腰不會挺出來的體位

❺
兩人同時口交想要有快感，用 69 體位！

1 想讓她幫你口交，要引出她「想做」的感覺

「口交」是很特別的性行爲。無論在A片裡多受歡迎，但口交或舔吻陰部這種特殊的性行爲，都不是「理所當然應該有」的。這徹底只是一種愛情的表情。可是想表達愛意，應該還有其他方式，不可能只有互舔性器這個方法。**有不少女性雖然很愛對方，但還是很排斥口交**。而男人們都很希望女人幫他口交。

口交很舒服吧。無論是溫暖的舌頭在陰莖上頭爬行，或是用濕潤的舌尖彈戳陰蒂，光是想像就能引起強烈的快感。你可以很明白地跟她說：「希望妳幫我口交。」如果她不願意，或顯得猶豫的話，絕對嚴禁強迫她！如果你要強迫她，**最好要有被討厭的心理準備**。

此外，「我幫妳舔陰部，所以妳也要幫我口交」，這種想法也有待商榷。將「彼此彼此」誤解成「我幫妳做了，所以妳也要做」，請矯正你的想法！如果她是個討厭口交的人，當你在幫她舔陰部時，她一想到「接下來要換自己幫他口交」，心情會很沉重。適度地幫她舔一舔，接下來要她徹底幫自己口交……這種人，請在自己的額頭貼上「自私」標籤吧。

說穿了，口交只是前戲。若要做到射精，會減低接下來的性愛興奮度，這樣她難免會失望。因此口交做到情欲高漲、陰莖堅挺就要打住！大約八分飽最好，接下來才會更激烈。

假如想要口交，你的所作所爲就要降低她的排斥感，引出她「想做」的心情。接下來，我要具體介紹這種方法。

2 用手撫摸和舔前端。舔陰部是「鋪陳」，用以解除她的警戒

首先，把陰莖徹底洗乾淨。爲了啓動對於口交不積極的女性意願，這是很基本的步驟。換作是你，**願意含著一根髒兮兮的陰莖嗎？**就算是自己的也不願意吧。只要存有感謝之心，應該不會把沒洗的陰莖伸到她眼前。

接下來，口交之前需要「鋪陳」作業。若突然「攻守交換！」就把陰莖伸出去，她會武裝起來。就像單方面被要求侍奉一般，心情一定很差。

所以一開始要緊緊地擁抱她的全身，花大量的時間在接吻和肌膚之親上頭。然後輕輕拿起她的手（如左圖）柔聲地說：「我希望妳摸我那裡。」將她的手放在自己的胯下。用手愛撫，比放進嘴裡的難度低很多。**如果這時她**

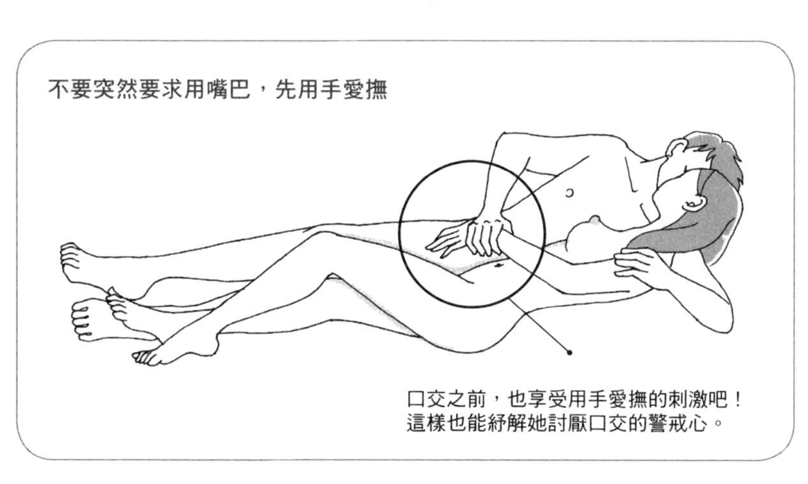

顯得面有難色，那麼口交之路就很遙遠了。

當她用手幫你撫摸時，請記得緊緊抱著她。這是爲了用態度表達：愛撫陰莖不是爲了滿足自己的欲望，而是兩人互相撫摸的一環。

接著傳達出「我希望妳舔我那裡」的訊息。重點在於不是「含著」、不是「吸吮」，而是「舔」。**從用舌頭舔龜頭開始，慢慢解除她的警戒**。這時可以用遊戲的感覺做，將冰淇淋或蜂蜜抹在前端讓她舔，像是在玩，心情也比較輕鬆。包皮繫帶和龜頭冠，這些舒服的地方都集中在龜頭，對男人來說應該不會不夠才對。

3 從正面面向陰莖，請她集中舔有感覺的地方

前面介紹了享受「舔龜頭」的技巧，但很多男人還是嫌不夠吧？很希望她能整根含進去，一直含到底部，也很希望她能舔整根陰莖，也就是完整的口交——這種男人的願望，其實女人也很清楚。

既然男人是靠視覺興奮的生物，這似乎也沒辦法。而所謂的「深喉嚨」技巧，就是把整根陰莖含進去，鉅細靡遺愛撫的意思，男人可以用眼睛看得到，也比較容易確實感受到「被愛」。如果發出唾液舔撫的濕濡聲，更能產生聽覺效果，男人的興奮也跟著加速。

但**若是想追求快感，深喉嚨和唾液的聲音就太多餘了**。畢竟陰莖最敏感的地方是龜頭的前端，而且要她把整根含到底，會抵到咽喉，很難受。你讓

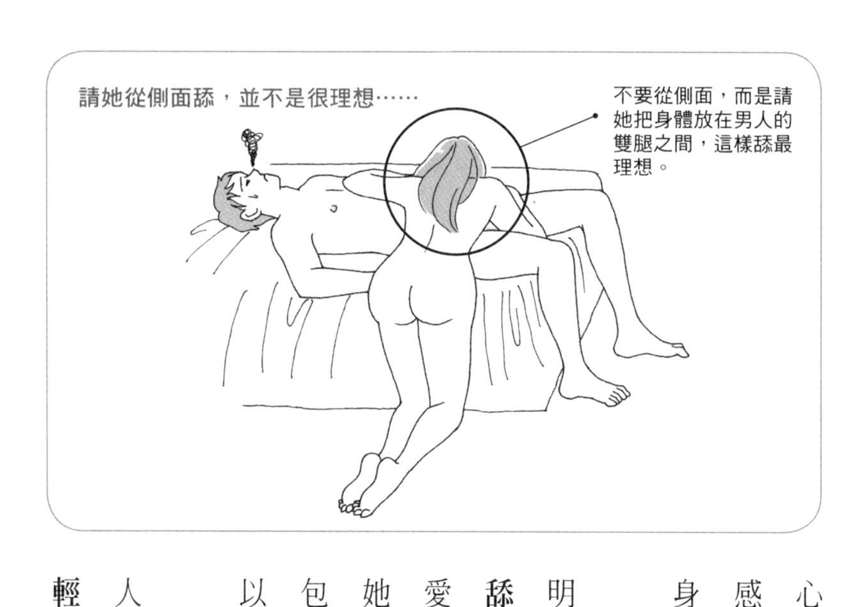

請她從側面舔，並不是很理想……
不要從側面，而是請她把身體放在男人的雙腿之間，這樣舔最理想。

心愛的她承受這種折磨，但得到的快感卻比較小，這麼一來，這個技巧本身究竟有多少意義就令人質疑了。

關於口交的體位，下一節會說明，但**最大的重點在於，請她從正面舔**。從側面舔的話，她的舌頭也很難愛撫包皮繫帶和龜頭。雖然可以看見她的側臉、和自己的陰莖被她的嘴唇包住的樣子，讓你感到很興奮，但若以快感爲優先考量，側面是不利的。

不過，早洩或動不動就受不了的人，倒是很適合側面口交。**不會那麼輕易射，可以長時間享受口交**。

4 爲了不讓她難受，請選擇腰不會挺出來的體位

請她爲你做口交時，**不管多興奮也不要把腰挺出來，用她不需彎腰的體位最好**，否則她會很痛苦，說不定還會噎到。如果完全躺在床上，或坐在床邊（插圖①），就不用擔心這種事。這時撫摸她的頭髮，也能表達感謝之意。

俗話說的「仁王立口交」（插圖②）會燃起男人的征服欲，**往往會粗暴地用手壓著女人的頭**。這時只要把手放在腰際就行了。

至於騎馬（插圖③）這種女人無處可逃的體位，我完全不建議！如果你有心理準備，以後她不會再爲你口交，那就無所謂。

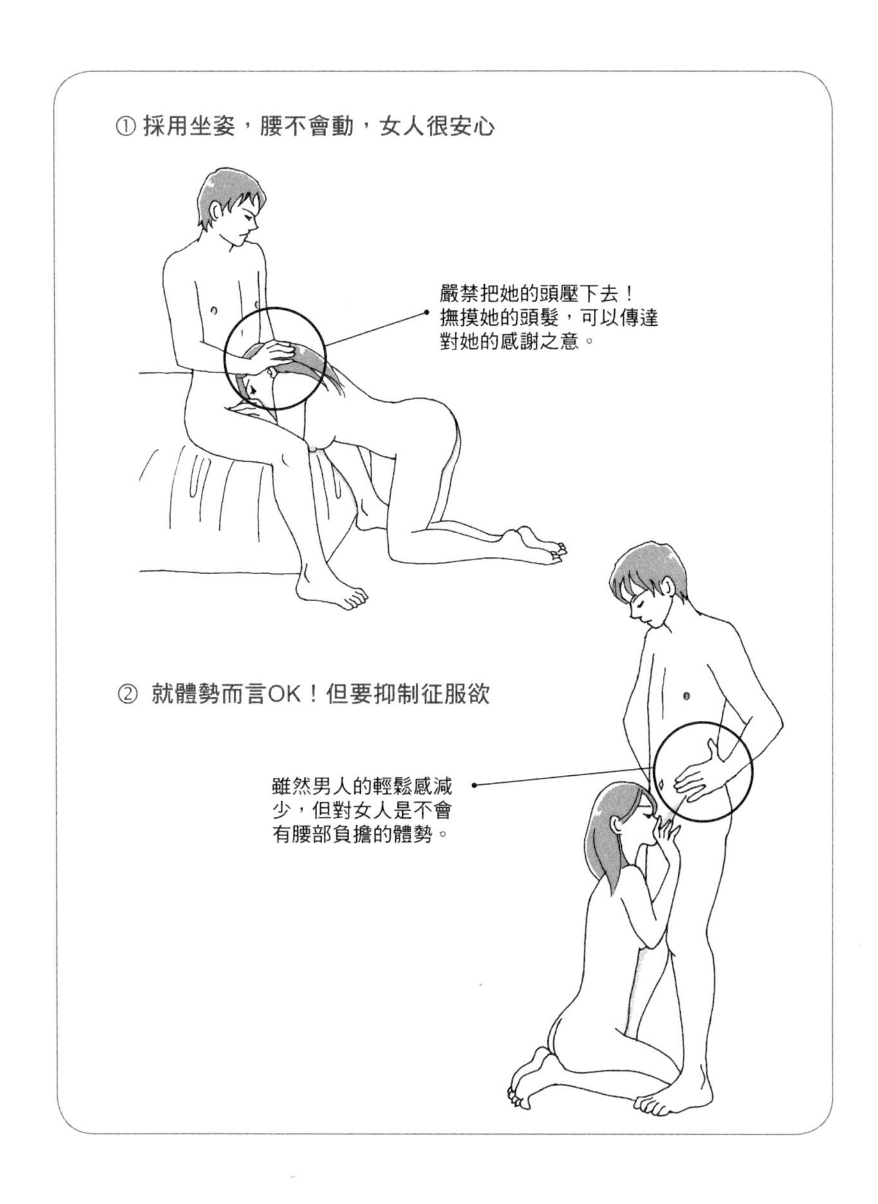
① 採用坐姿，腰不會動，女人很安心
嚴禁把她的頭壓下去！
撫摸她的頭髮，可以傳達
對她的感謝之意。
② 就體勢而言OK！但要抑制征服欲
雖然男人的輕鬆感減
少，但對女人是不會
有腰部負擔的體勢。

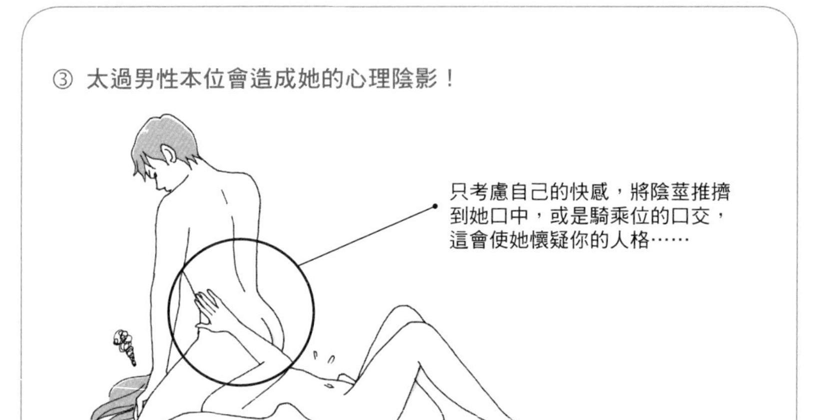
③ 太過男性本位會造成她的心理陰影！
只考慮自己的快感，將陰莖推擠
到她口中，或是騎乘位的口交，
這會使她懷疑你的人格……

5 兩人同時口交想要有快感，用69體位！

有些女人討厭單方面「侍奉」而拒絕口交。性愛雖是兩人的共同作業，但有時也無法讓雙人同時都有快感。因爲口交是做的人和接受的人壁壘分明，所以有些人難以接受吧。

這樣的情侶，請挑戰同時互相愛撫的「69體位」！

標準的69體位是（插圖①），男人躺平，女人跨趴在男人上面，彼此互舔性器。一般的口交會舔包皮繫帶，但**這個體位可以從龜頭冠開始舔，會有一種新鮮的快感**。

但個子高的女人，雙腳打開後，腰部會下降，這樣很難支撐身體。

假如兩人改用側躺的變形體位，彼此都沒有負擔，而且男人也很難把腰

① 宛如數字６與９，互舔性器

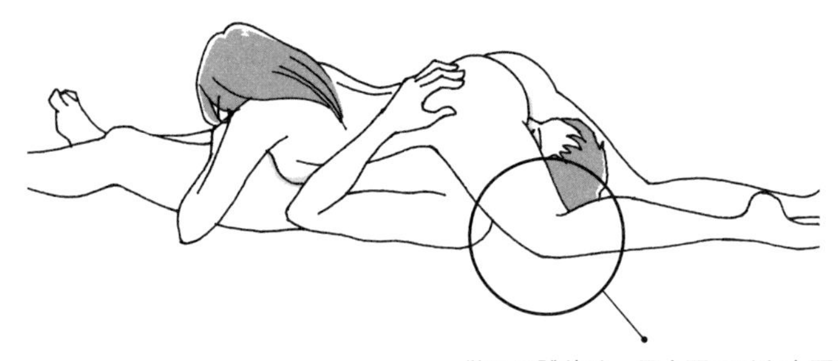

做６９體位時，男人不可以在上面。
女人可以用張腳的幅度來調整高度。

② 不會給腰部造成負擔，可以做很久

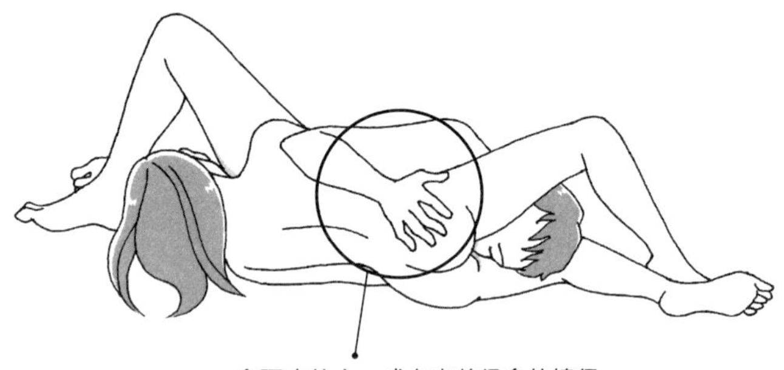

會腰痛的人，或身高差很多的情侶，
建議改用這種變形的６９體位。

挺出來，可以專心且安心地愛撫。

只不過，69體位的嗜好很分歧。因爲要一邊愛撫，還要一邊感受，這需要相當高的技巧。愛撫時就愛撫，感受時就感受——也有人喜歡這樣分別集中精神。若兩人性趣一致，請試試看吧。

讀者來函之「話雖如此！」——8

話雖如此，和大胸脯的女友交往時，我希望能乳交！這才是男人的浪漫！可是性愛指南書幾乎都沒提到這個。我想喜歡乳交的人應該很多，請您務必介紹一些技巧。

——23歲・男性

女人的眞心話是「愚蠢至極」！這樣你還要做乳交嗎？

乳交並非「做愛」，只是一種「服務」。只有男人會因此興奮，對女人而言，舒服的要素是零。做的過程中，她會覺得很傻眼，抬頭看著你暗忖：「爲什麼要做這種事？」做愛時，兩人要同時達到同一個等級的快感還挺難的，經常是有一方爲另一方付出的情況比較多。最具代表的就是舔陰部和口交。雖然兩者在性愛上都不是必須的，但這麼做確實會有快感，因此也不能說沒有意義。看到對方陶醉的模樣，也能讓自己舒服起來。

但乳交其實並不怎麼舒服吧。就算使用潤滑液，也敵不過藉由黏膜的交合。它只是視覺上的刺激而已，可是你卻做得那麼興奮，她看了可能會倒胃口。如果她絲毫不露出不悅陪你做，就徹底是在服務你。

就算這樣你還是堅持要乳交，就請報以同等回饋，讓她舒服。畢竟服務是一種交換。所以，你要爲她做什麼呢？

第9章

爲了更美好的性愛，自慰需要注意的三件事

❶
男女都應該自慰！不過用錯方法會很傷腦筋

❷
不要一味追求過度的刺激！用手輕輕扶著陰莖，導出射精

❸
菜餚歸菜餚，要確實掌握幻想與真實性愛的界線

1 男女都應該自慰！不過用錯方法會很傷腦筋

你知道你至今自慰過多少次嗎？從十幾歲開始的話，大概數不清了吧。大多數男人自慰的次數，遠比體驗過的做愛次數來得多。這也代表著，自己做能確實得到快感，甚至能做到射精。因爲只要自己爽就好了，這也是理所當然。

無論是因爲性幻想而興奮，或用自己的手達到快感，或是就結果而言解放精液，**這些都是健康的行爲**。次數多不會有弊害，次數少也無妨。射精的次數少，也沒有夢遺的話，精液會隨著尿液一起排出。並不是精子製造不出來，不用擔心。

我認爲女人也應該自慰，和男人擁有同樣的權利。這樣男女才能更懂得享受美好的性愛。

不知道性欲的開關、從未自慰過的女人，對性愛的態度傾向消極。因爲平常就沒有「想做」的感覺，也難怪會比較消極。就算交往初期努力配合你，但漸漸做愛次數也會減少吧。

另一方面，曾經以自慰達到高潮的女人，做愛也比較容易達到高潮。**爲了兩人做愛能更順利的自主練習，自慰也能發揮相當的功能。**

自慰和做愛，本來就是相輔相成的事情。但因**自慰用錯方法，導致無法在她陰道裡射精的男人越來越多**。爲了不要陷入「陰道內射精障礙」的困境，下一頁起，我會介紹正確的方法。

2 不要一味追求過度的刺激！用手輕輕扶著陰莖，導出射精

無法在女性的陰道內射精稱為**「陰道內射精障礙」**。根據泌尿科醫師所說，**現在年輕男性罹患這種症狀的越來越多**。

這種情況往往被認為是「晚洩」，也就是要很久才能射精。但在性科學上指的是「結果，到了最後都無法射精的人」。這對女人是很痛苦的事。一直綿延不斷地插入和活塞運動，原本濕潤的陰道也會乾掉，摩擦變得很痛。雖然用潤滑液可以獲得舒緩，但做愛本身很有可能變成一種痛苦。

引發這種障礙的原因之一，就是過度激烈的自慰。射精時用手強力握住的人，或是頻繁使用「自慰套」這種情趣用品的人，或者用陰莖在床上摩擦

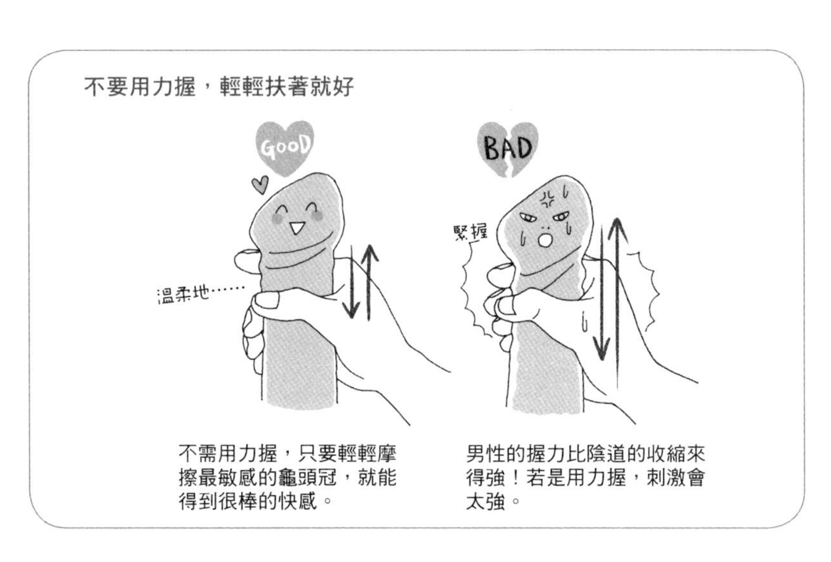

不要用力握，輕輕扶著就好

不需用力握，只要輕輕摩擦最敏感的龜頭冠，就能得到很棒的快感。

男性的握力比陰道的收縮來得強！若是用力握，刺激會太強。

的人，這些都是完全的預備軍，一定要特別注意！

男人常說的陰道「縮得好緊」。確實這時會感受到充血、肌肉緊緊包覆著你的陰莖，但再緊縮也比不上男人的握力來得強。情趣用品可以把洞弄得很小，藉由複雜的構造進行高度刺激。但如此一來，你就**漸漸無法在女人的陰道裡感受到刺激**。一旦體驗過強烈快感，會追求「更加更加」強烈的快感，進而變成一條不歸路。

因此在自慰時，不要「握住」陰莖（上圖），而要輕輕「扶著」！**鬆**

緊度要控制在別比陰道緊的情況。無論有沒有戴保險套，能感受她的體溫，在陰道壁的包覆下射精，是任何東西都難以取代的喜悅。若因無益的自慰而放棄這種快感，等於自動放棄了人生最美好的喜悅之一喲！

3 菜餚歸菜餚，要確實掌握幻想與眞實性愛的界線

自慰時用來激起性幻想的道具，也就是俗稱的「菜餚」，要選什麼是個人的自由。成人A片、動畫、官能小說、漫畫……這類能當菜餚的商品，在日本琳瑯滿目、多到數不清。而且DVD、電腦或智慧型手機的影音播放，或是原本就有書籍和雜誌，能夠視聽的媒介也五花八門。相關作品不斷推陳出新，怎麼看也看不完吧。

看這些東西沒什麼不好，但**千萬別忘了，這些「菜餚」的功用只是爲了培養豐富的性感**。了解自己的性嗜好不是壞事，但若太過遠離現實，就無法在眞實的女人身上得到性興奮，這和過度使用情趣用品而罹患陰道內射精障

礙是一樣的。

而且這些東西所描繪的，**或多或少都是虛幻的**。世上沒有胸部大到像西瓜的女人，也沒有無毛無臭的女人。技巧方面也是一樣。爲了讓觀眾看到結合部位而硬做的體位，或是激烈的手指抽插技巧，如果在現實裡這麼做，很有可能使女人受傷。不僅會感受到肉體上的疼痛，假如你不相信眼前的她，而相信虛構荒誕的世界，這也會讓她很傷心。

照理說，A片或漫畫的開頭應該放上一句聲明：「這裡所描繪的純屬虛構。」但這樣會讓人覺得很掃興。因此就把判斷交給觀賞的人，只要你自己搞清楚狀況就行。做愛和自慰是兩回事。同樣的，眞實的性愛和「菜餚」所描繪出的性愛也是兩回事。明白了這層道理再來享樂，才是利用菜餚的正確方法。

讀者來函之「話雖如此！」——9

話雖如此，除了性器官以外，也有其他部位能達到高潮吧。譬如我撫摸她的乳頭，她就會高潮了。因為我的技巧很高明！我要更加磨練本事，接下來要以接吻就能讓她高潮為目標。

——31歲・男性

這或許是演技喲？只是希望你趕快結束愛撫

靠撫摸乳頭或側腹就能高潮，靠接吻就達到高潮，我不否定這種可能性。若此話當眞，那眞的是奇蹟。連在最大性感帶的陰道和陰蒂，都要女人自己知道高潮的感覺後，加上整合各種條件才能在做愛時達到高潮。而你竟然在別的地方做，而且每次都高潮……坦白說，我認爲很可能是假裝的。

假裝高潮的理由，只有三個：① 她想回報你努力愛撫她；②她想讓自己興奮起來；③高潮的話，就能讓你停止現在進行中的愛撫——如果在性器以外的地方假裝高潮，3的情況比較多。無論再有感覺，過了高峰期都會希望趕快結束，因爲情緒已經轉往別的性感帶了。

假裝高潮的話，男人會認爲：「原來這裡會高潮！」因而每次都執著地愛撫這個部位。這對老是假裝高潮的女人沒好處，但男人也不要信以爲眞！還有，愛撫請適可而止，因爲她一定也希望有一天可以不用再假裝。

第10章

不希望懷孕和感染性病，保護自己的三件要事

❶
懷孕和 STD 會改變人生 !? 該如何保護自己

❷
為了不讓「戴保險套」變成掃興的事，請練習單手戴套子

❸
不知道就不懂得預防！常見性病的症狀及預防

1 懷孕和ＳＴＤ會改變人生!?該如何保護自己

一個保險套就能保護自己，也能保護你的人生。會讓我們從極致快樂中確定彼此愛情的性行爲，瞬間跌落到無底深淵，那大概是ＳＴＤ（Sexually Transmitted Diseases，感染性病）造成的吧。

懷孕，是小生命誕生的幸福喜事，但也必須是在兩人希望成爲父母的情況下。**你有迎接新生命的心理準備嗎？**多數人會因爲懷孕而走入婚姻，而接下來幾十年，你必須對這個小孩負責。

若是兩人都不想迎接新生命，使會做出哀傷的選擇——去墮胎。這對當事人的身心都會造成決定性的傷害。即使之後兩人持續交往，但一定會一直背負這個傷痕。兩人之間的感情，也會明顯和過去不同。你有這個覺悟了嗎？

性病也是一樣。這在一四七頁會詳加解說，只是我希望大家先明白，大部分的性病都有藥醫，就連愛滋病也有治好的例子。然而染上性病後，一定會討論：「到底是誰帶來的？」有些性病即使是男人感染了，也很難檢驗出陽性，導致兩人爲此爭論不休。只是就算**這時候分出誰對誰錯，也沒有人會幸福**。最重要的是，趕快去接受治療吧！如果有一方治療好了，但另一方沒去治療，以後還是會感染，這叫做「乒乓球感染」。若不斬斷連鎖關係，絕對不可能完全治癒。

戴不戴保險套，眞的關係重大。它有可能會把你原先描繪的人生之舵，大幅轉向別的地方。**爲了自己的幸福，請自行決定人生就此轉向是不是好事**。

2 爲了不讓戴保險套變成掃興的事，請練習單手戴套子

體外射精不能避孕！不懂女人的生理構造和懷孕機制，只是一股腦兒相信對方說的「安全期」，使得人生被迫大幅轉變方向的男人，這世上多到難以計數。我身爲婦產科醫師，每天都在對女性呼籲：「要懂得保護自己的身體！」同樣的話，我也想送給男性朋友。

以男性主導、並可以實踐的最佳避孕方法，就是戴保險套。就算買貴一點的，做一次也不會超過幾百日圓，而且超商就買得到。**省錢省時又能保護自己，沒有比保險套更棒的東西**。

但是，保險套一般不太受歡迎，因爲很多男人討厭戴套子的「隔閡

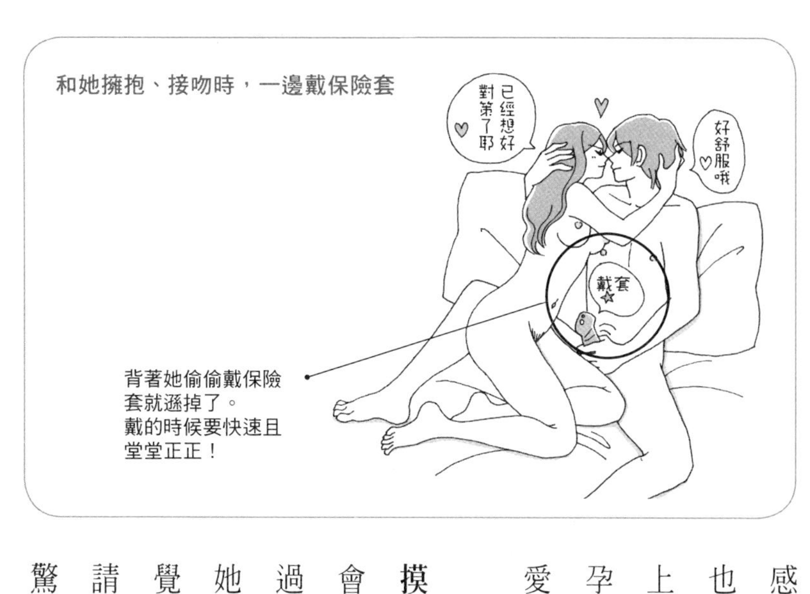

感」，而且戴上之後，感受到的溫度也有差別。不過對女人來說，你戴上保險套，她會很高興。因爲可以避孕，又可以預防性病，她會覺得你很愛惜她的身體。

正因爲如此，**保險套不要偷偷摸摸地戴，而要堂堂正正地戴！**這並不會使做愛的流程中斷，它也是做愛的過程之一。如果你抱著她、或是在吻她的時候一邊戴保險套，她絕對不會覺得掃興。假如你這麼討厭空檔，就請練習單手戴套。把技巧磨練到她會驚訝地問：「你什麼時候戴好的？」

此外，對於保險套的講究，也是男人才能有的樂趣吧。例如要追求薄的，或是戴上去會溫熱的……畢竟是自己要戴的東西，可以任性挑選自己喜歡的。**日本的保險套，品質之高可是傲視全球喲！**

3 不知道就不懂得預防！常見性病的症狀及預防

性病的自覺症狀，有的很容易出現，有的很難出現，而且男女性別不同，症狀和潛伏期也有差異。請用保險套預防及定期檢查，雙管齊下。

常見的性病介紹如下：

- **性器衣原體感染症：**感染者以十～二十幾歲居多，也會藉由口交感染，症狀明顯時尿道也會出膿。可以用保險套預防。
- **淋菌感染症：**也就是淋病。男性從感染到發病時間較短，會有疼痛、發燒等強烈的自覺症狀。再度感染的可能性也很高，嚴重者甚至會導致無精子症……可以用保險套預防。

●**尖形濕疣：**俗稱菜花。性器會長出像菜花般一粒粒的突起物，男女的症狀幾乎相同，但男性特別容易長在龜頭周圍。感染至發病期間，大約三週～八個月。可用電動手術刀燒療，治療時會伴隨疼痛。再發的可能性也很高。

●**HIV感染症/愛滋病：**受到HIV病毒感染，引發愛滋病。潛伏期長達一～十年，一旦發病會造成免疫力下降，引發多種併發症。但現在已經可以靠藥物顯著延遲發病。雖然用保險套無法徹底預防，但可以大幅降低感染率。爲了早期發現，首要之務在於檢查！

●**陰蝨：**體長約一毫米的蝨子寄生在身體，常見於陰部，引發強烈的癢感。接觸內褲就可能感染，因此無法用保險套預防。剃光毛髮是最好的方法，也可用除蝨專用的洗髮精驅除。

讀者來函之「話雖如此！」——10

話雖如此，做愛時默默無語也不是辦法，我覺得應該靠說話炒熱氣氛。例如在耳畔輕聲細語的動人台詞，或是能讓她感到害羞的話語，我每天都在努力研究！我想用話語和身體融化她。

——32歲・男性

「好像在哪裡聽過」的台詞不行；「直接誠懇」的話語最好

雖說性愛是藉由身體進行的一種溝通，但過程中若能享受對話交流，也是很棒的事。對於確認彼此的愛情，提高彼此的官能享受，語言有著加乘效果。俗話也有「發動語言攻勢」這樣的說法，彼此說些臉紅心跳的話語，確實有助於性愛氣氛。但我希望你明白，這也是一門相當高度的技巧。「這裡，變成這樣了耶。」「妳希望我摸哪裡？怎麼摸？告訴我。」──如果把這種老掉牙的台詞直接搬上床，只會讓人覺得掃興。說不定以前的戀人也說過同樣的話，聽都聽膩了。這樣豈止不能炒熱氣氛，搞不好還會讓氣氛降到冰點。只有對自己的創造力有自信，以及詞彙豐富的人，可以試試看。

我覺得直接說「我愛妳」「妳好美哦」這類話，更能滿足女人的心。適合自己的話語，比任何講究的台詞更能讓她高興。

第 11 章

插入時，可以和她一起享受的五個基本技巧

❶
插入的時機，問身體！多做幾次自然會明白

❷
正統的體位最好！奇特體位是問題源頭

❸
節奏單調但不白費地扭動腰部，女人容易高潮！

❹
男女都舒服，各自扭動腰部的方式

❺
運用誰都辦得到且有感覺的體位，彼此體恤的方法

1 插入的時機，問身體！多做幾次自然會明白

「可以插入嗎？」——其實這是令人傷腦筋的提問。你是小心謹愼，想確認插入的時機，但卻透露出已經想插入的心情，這一點她也聽得出來。

所以遇到這個問題，女人也只能點頭說「嗯」。就算是講話很直的女人，這時也很難說「NO」吧。**因爲在這裡拒絕的話，男人錯失了時機，可能會因此軟下去**，這樣就無法繼續做愛了……如果女人還沒準備好，你就插入的話，女人會感到突兀與疼痛。爲了避免這種尷尬沉重的場面，你只要自己忍耐一下就行了。

即便是自以爲體貼的一句話，也可能對她造成壓力，說起來還眞諷刺。但爲了避免產生這種狀況，請不要直接問她，而是問她的身體。

在前戲時，她被快感撼動，整個人興奮了起來，那麼外陰部的大陰唇和小陰唇都會充血。**如果加上陰道口悄悄地打開，可以說是自然進入「迎接陰莖模式」**了。這時機不可失！這是絕佳時機！

用眼睛確認是最好的，但很多女人羞於性器被看到。如果要等她克服羞恥，說不定心情都涼掉了，也乾掉了。因此，**如果不能看，就用手確認**。只要撫摸她的陰蒂時，順手把手指滑入陰道口即可。如果只做一次愛可能很難懂，但多做幾次一定能掌握「屬於她獨特的插入時機」。你一定要有耐心，不斷地累積經驗。

至於要多久才會想要，這個時間因人而異，也因當天的身體情況有所變化。到了最後就只需等她說一聲「插進來」。

2 正統的體位最好！奇特體位是問題源頭

「眞正愉悅」的體位是由陰莖的大小、兩人的體格、追求快樂的總和來決定。正好適合兩人的體位，對你和她都是寶物。

想要探求也無妨，但骨盤和骨盤無法平行的體位（插圖①），試了也是白試。G點位於陰道的腹側，想要刺激這裡，陰莖和陰道呈現平行狀態是最理想的。**陰道是筒狀，陰莖是棒狀。直直的進去，才能完全被收納**。突出的龜頭冠也容易抵到G點，快感也會倍增。

有些人會挑戰奇特的體位，但這樣並不會更舒服。需要耗費心神和體力保持姿勢，根本沒有餘力感受快感。這不是體操比賽，**就算做出難度高的技巧，也沒有人會誇獎你**。

① 骨盤不平行，沒有快感

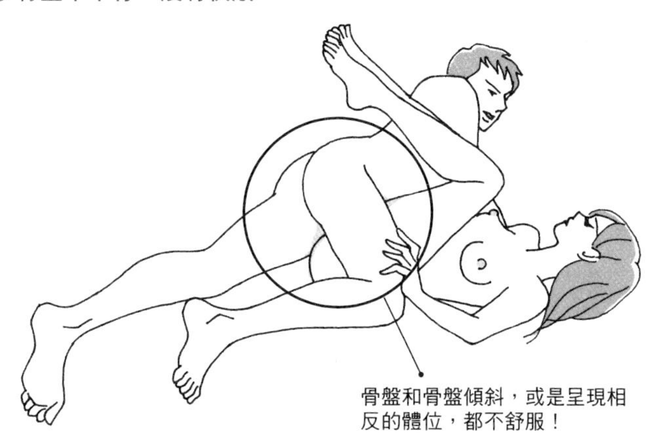

骨盤和骨盤傾斜，或是呈現相反的體位，都不舒服！

② 想冒險而嘗試的體位，造成大傷害……

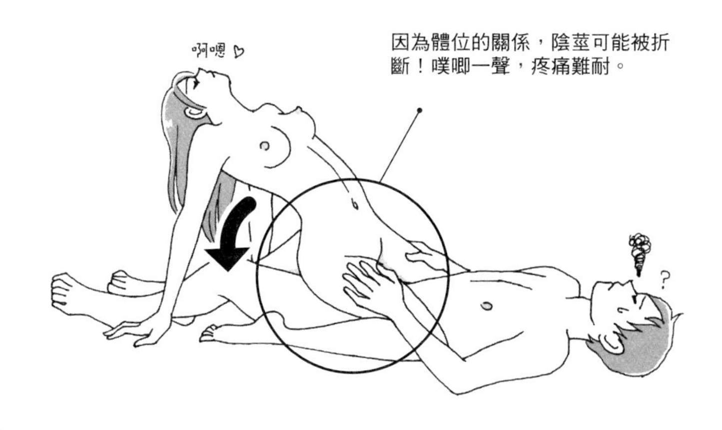

因為體位的關係，陰莖可能被折斷！噗唧一聲，疼痛難耐。
啊嗯♡
?

關於體位，挑戰精神還是少一點比較好。例如勉強的騎乘位（插圖②），女人的身體往後仰，萬一啪地倒下去，可是會壓到陰莖喔！會引發內部組織白膜折斷的「陰莖折斷症」。就像陰莖骨折一樣，這種痛楚非筆墨言詞所能形容。體位還是正統的最好！做奇怪的事會讓你後悔莫及喔～

3 節奏單調但不白費地扭動腰部，女人容易高潮！

覺得扭動腰部很累的人，可能是多餘的動作太多了（插圖①）。將膝蓋以上所有的體重，都壓在女人身上……簡直就像相撲相撞的練習！這樣腰會很累，如果在射精前就放棄也是理所當然。而接受的女人，也變成一場體力考驗。**正確的做法是：有節奏地扭動腰部即可**。

1把屁股夾緊，只用腰往前挺。

2將屁股往後抬，回到原位。

這個動作很單純吧？沒有體力也辦得到，練習方法也很簡單（插圖②）。側身面對鏡子，只用腰部前後扭動即可。

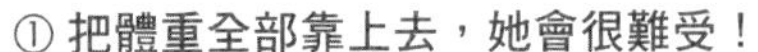
① 把體重全部靠上去，她會很難受！

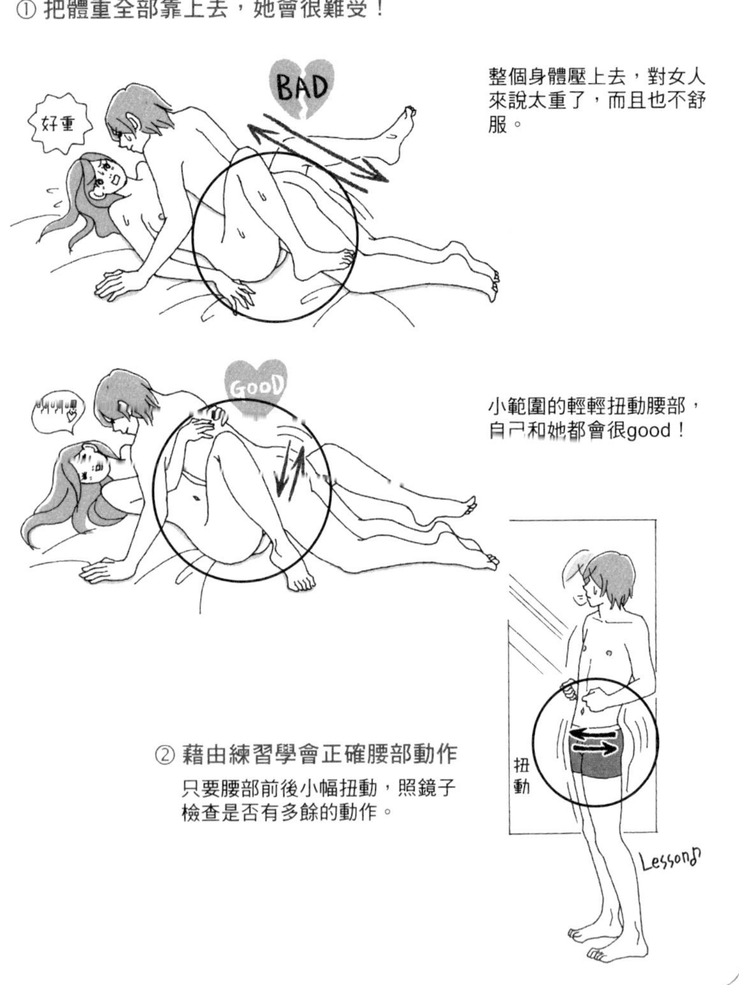
BAD
好重
整個身體壓上去，對女人來說太重了，而且也不舒服。
GOOD
小範圍的輕輕扭動腰部，自己和她都會很good！
② 藉由練習學會正確腰部動作
只要腰部前後小幅扭動，照鏡子檢查是否有多餘的動作。
扭動
Lesson♪

還有，扭腰的節奏要固定！你在自慰或做愛時，自己快要射的時候都是怎麼做的？是以單調的節奏刺激陰莖吧。**假如節奏奇怪的話，不知道什麼時候會高潮……**女人也一樣，不知道時機是何時。

當女人顯得快要高潮時，男人更應淡淡地扭動腰部，這樣高潮自然會來。如果世上的男人都懂得這份冷靜，女人得到高潮的機率應該會多很多。

4 男女都舒服，各自扭動腰部的方式

關於活塞運動的抽插長短，你認爲長的和短的，哪一種比較能讓女人有感覺？答案是「短的」。

陰莖的前端碰到她的深處（插圖①），下一個瞬間抽到陰道口，然後再一口氣插向深處……**這種宛如撞擊除夜鐘的活塞運動，男人會覺得很爽**（＊「除夜鐘」是除夕夜守歲時，到了午夜零時零分，神社所敲撞的大鐘）。這是因爲長距離的摩擦讓男人舒服，而且啪啪的撞肉聲，也讓男人感到很興奮。

至於女人的反應，大致分爲兩種：

1「很痛！」——陰道的最深處稱爲「子宮頸陰道部」，巧妙地刺激它也會高潮，但突然強烈地刺激它，只會讓人覺得很痛。如果**被氣勢驚人一口**

① 男人會舒服的是，長程抽插

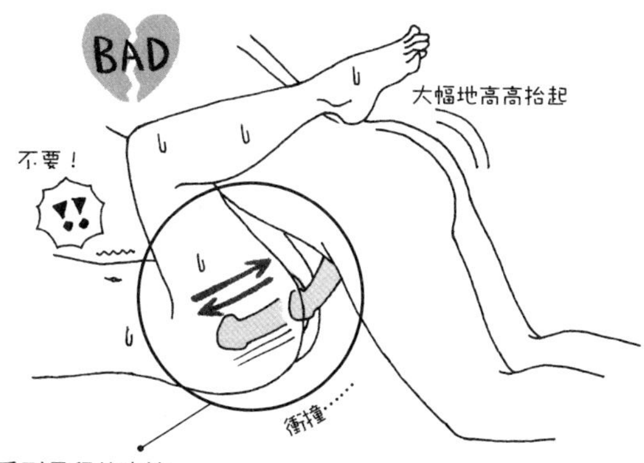

在陰道內受到長程的摩擦，
所以陰莖會覺得很爽。

② 女人會舒服的是，短程抽插

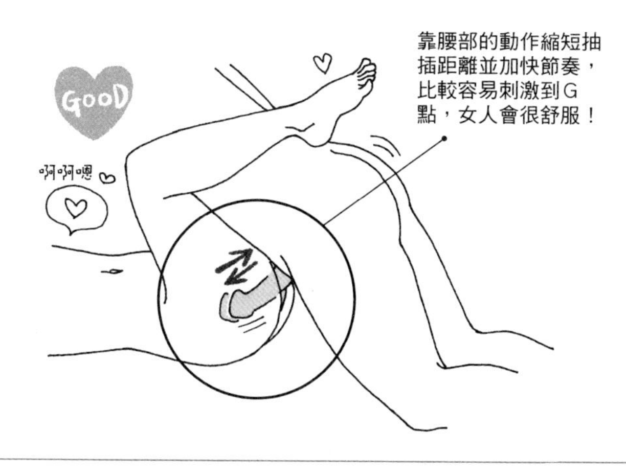

氣地衝撞，是很恐怖的事。

2「沒～感覺」——G點的大小，只有直徑一公分左右。如果抽插太長，G點被龜頭冠摩擦時的頻率太慢，所以不是很理想。

想把抽插動作變短的話（插圖②），必須使用一五八頁的腰部動作。

如果聽到撞肉聲，就是抽插太長的證明！要懂得區分她有感覺的情況，和自己有感覺的情況，調整其間的長短，才能兩人都得到滿足。

5 運用誰都辦得到且有感覺的體位，彼此體恤的方法

先前在一五四頁提過了，最佳體位是由兩人的體格、體力，以及你的陰莖大小，與追求快樂的總和來決定。即使雜誌或網路上介紹「這種體位很爽」，**卻也不是每個人都對這種體位有感**，有些人會因體格或體力非得放棄不可。

清除了許多條件之後，我要介紹任何人都辦得到，而且一定會得到某種程度快感的體位，那就是「側躺背交的體位」。

這也被稱爲「側臥位」的一種。女人側躺，雙腿稍微張開；男人同樣也側躺，從背後抱著女人，插入陰莖。

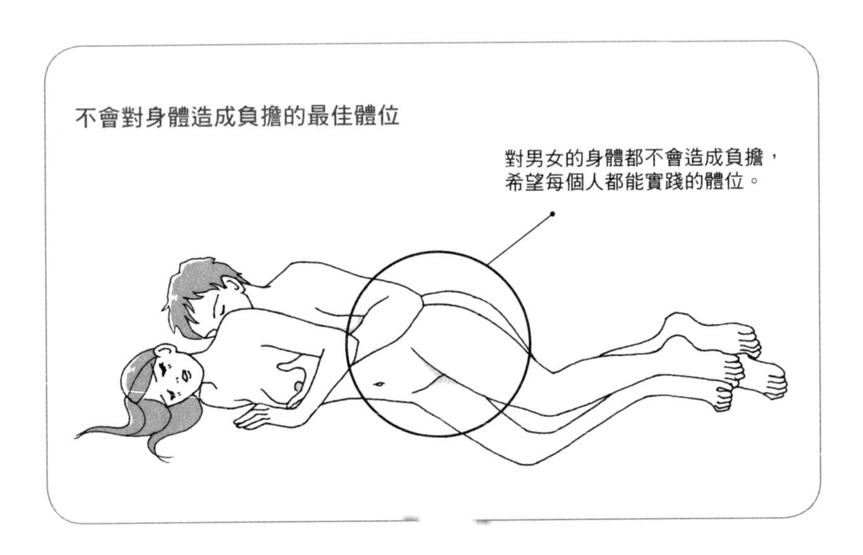

用這種體位做愛，不管兩人的身高差距，或是太胖、太瘦都沒有關係。有腰傷的人，或股關節受傷而無法大幅張開雙腿的女人，都不會對身體造成負擔，而能和愛侶合而爲一。

因爲很難激烈互撞腰部，所以**對早洩煩惱的男人也有好處，可以保持長時間的插入**。至於有晚洩傾向的男人，過程中改採這種體位，是一種很好的休息，也不會胡亂浪費她的體力。由於不會壓迫到腹部，因此懷孕中的女性也能輕鬆插入。

這是讓雙方都有感的體位，並非

自己要射精或讓她高潮的體位，但在做愛過程中放入**這種體恤彼此的體位**，絕對有助於兩人感情的發展。這也是熟年男女或體力衰退者的好體位，學起來一定會有幫助。

讀者來函之「話雖如此！」——11

話雖如此，女人可以高潮好幾次吧。比起只能高潮一次的人，女人算是比較占優勢吧？男人只要射一次就大概不行了，如果不能立刻復活，總覺得很沒面子。

——34歲・男性

想讓她高潮多次而太過賣力，對女人也是很困擾

做一次愛高潮好幾次，和只有一次深度高潮——這個問題，女人本身也很難決定哪個比較好。這就像在問：大餐一次吃到飽，和好吃的東西分三次吃，哪個比較好？每個人的答案也都不同吧。

重點在於，不要擅自決定「這樣比較好」。我不確定區分兩者的東西是什麼，但我想大概是「體質」吧。高潮對女人來說是很棒的體驗，要在這裡區分優劣實在是太荒謬了。

令人困擾的是，女人一旦高潮後，男人卻堅信「她還可以繼續高潮」，因此不斷發動攻勢。而女人眞正的心聲是：高峰期都過了，拜託你快點結束吧。所以請放鬆邁向射精，接下來兩人就好好地沉睡吧。

基於同樣的理由，有些男人會誇下海口：「我一晚可以射好幾次喔！」這經常引來女人冷眼相對。性愛的好壞，並非以次數決定。做愛從來不草率的男人，更能贏得女人芳心。

第12章

採用最正統的體位，發揮到極致的五個絕技

❶
先從正常體位開始！最初平穩地做，再慢慢變激烈……

❷
腰部的用法能左右快感度，別浪費抽插的衝擊

❸
自在運用深淺度的插入法，也能克服陰莖大小的煩惱

❹
不想被認為「太快」！先滿足女人後，自己也完事

❺
體型壯碩的男人，別把體重加在她身上是一種溫柔

1 先從正常體位開始！最初平穩地做，再慢慢變激烈……

一開始，選擇正常的體位絕對錯不了。因爲女人可以把體重交給床（插圖①），全身得到放鬆，順利迎接你的進入。即使入口處已經轉爲「迎接陰莖模式」（詳見一五三頁），但裡面經常還沒全開。如果你突然往深處頂，有些女人爲了避免疼痛，會採取武裝姿勢。**而當你以放鬆的體勢，和她含情脈脈對看，她也能放心地打開身體**。

男人以正常體位插入，很容易控制深度和速度；在插入後也請做細微地調整。剛開始在淺處慢慢做，如果她能接受的話，再慢慢往深處去，然後用腰部調快速度。

① 插入從放鬆的正常體位開始

她可以舒適地將身體交給床鋪，
進入放鬆的姿勢。

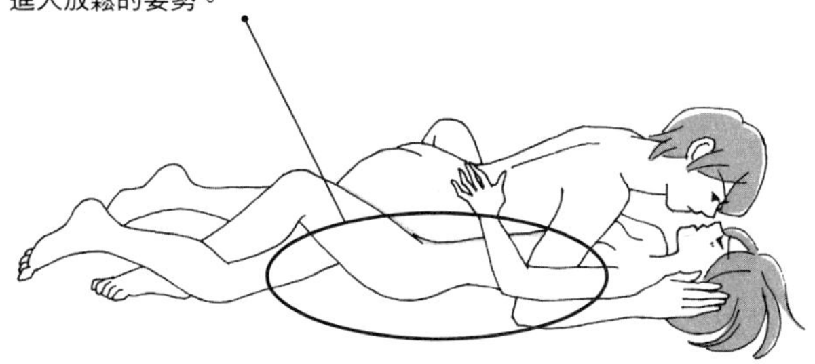

② 激烈的正常體位，把陰莖推壓到深處

提高你的腰部位置，
從上方，宛如體重下壓般插進去。

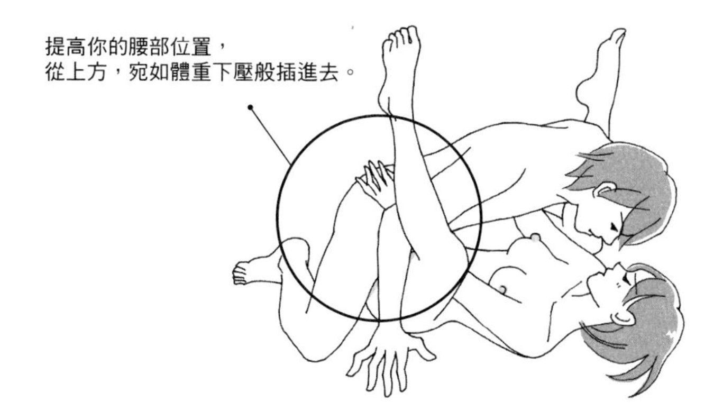

寫到這裡，我眞的覺得「正常體位」是很穩當的體位。如果加上體重，把陰莖推到深處，也可以追求激烈的交合。**她的浪濤一旦起來，你每次扭腰都會感到喜悅，不久就應該能達到飄飄欲仙的境界。**

無論是放鬆的結合，或是想挑戰激烈的欲望，正常體位都非常適合。而且在變換花樣的廣度上，正常體位也是首屈一指。

2 腰部的用法能左右快感度，別浪費抽插的衝擊

「腰」是「月（身體的意思）字邊，加上「要（中樞，要害）」字。顧名思義就是，全身的中心重要部位，無論走路或運動時都很重要。即使在做愛上也輕忽不得。做活塞運動時，女人的腰一旦歪掉，就會錯失難得的衝擊。即使賣力扭腰，也會被床鋪接收，她的身體享受不到，快感也會減半。

抓住她雙腳的體位（插圖①），爽度很高吧！視線可以朝下，完全看得到結合部位，這會使男人的興奮達到極點吧。不過，用這個體位抽插，會讓她身體失準而偏向上方。你深入的程度，其實沒有你想像來得深，這堪稱是最大的浪費，實在太可惜了。比起視覺上的刺激，如果你更想追求實際快

① 狂野的體位，因腰部晃動而錯失衝擊

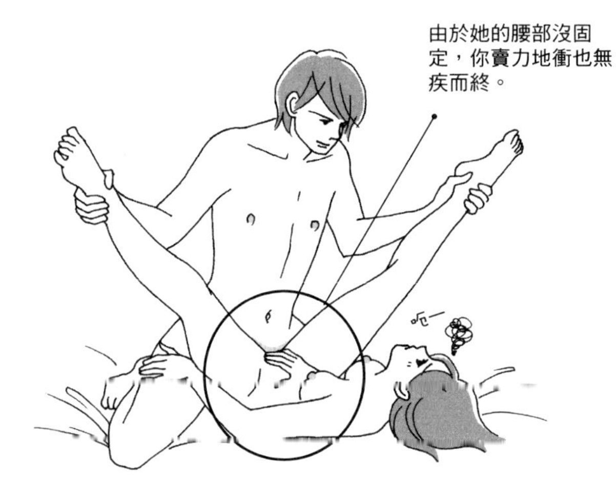

② 調整腰部的位置時，請用坐墊

她的腰抬起來而無法固定的
話，會加重負擔。
請用坐墊消除這種負擔。

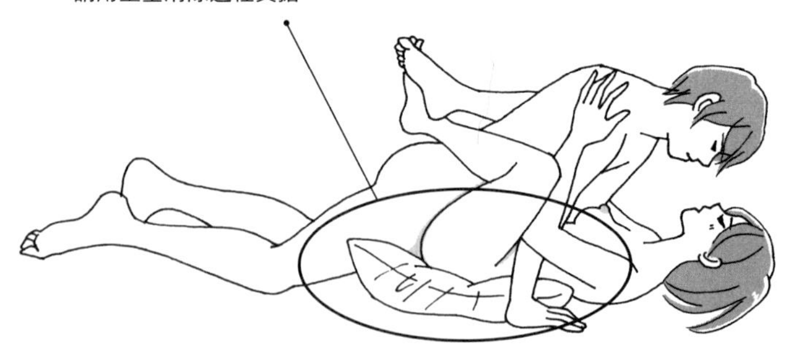

感，那麼**最好固定她的腰部**。把手溫柔地放在她的腰部，避免腰部失準，她就能確實享受你的活塞運動。

讓女人的腰抬起來的體位（插圖②），在腰部下方鋪坐墊即可。角度依然沒變，活塞運動產生的衝擊，可以直接傳到她的性器。

3 自在運用深淺度的插入法，也能克服陰莖大小的煩惱

有時會想插到她的深處，但有時會想在淺處摩擦陰莖，兩種情況都有吧。這可以靠自己調整深度，但在體位下工夫也是一種方法。

把你的體重完全放在她腰部的體位（插圖①），可以把陰莖插到最深處。**對自己陰莖長度沒自信的人，也可以插到相當深的地方**。這樣能確實碰到G點，當你用纖細的動作摩擦龜頭冠，她的快感也會蜂擁而至。如果想做得大膽而狂亂，也可以將龜頭厭向子宮頸陰道部。強烈的刺激會更進一步陷入銷魂恍惚的境界，也有可能達到高潮。

相反的，喜歡在緊縮的陰道口做活塞運動的男人，也有個應該挑戰的體

① 想進入深處，用壓腰的體位

比起大幅的抽插動作，以向下壓的感覺扭動，更能抵達深處。

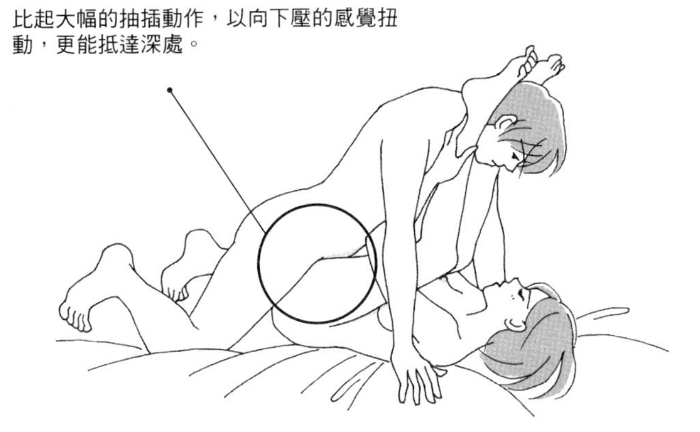

② 雙腿靠攏，淺淺插入的法則

不限於正常體位，任何體位只要女人把雙腳靠攏，陰莖就無法插入深處。

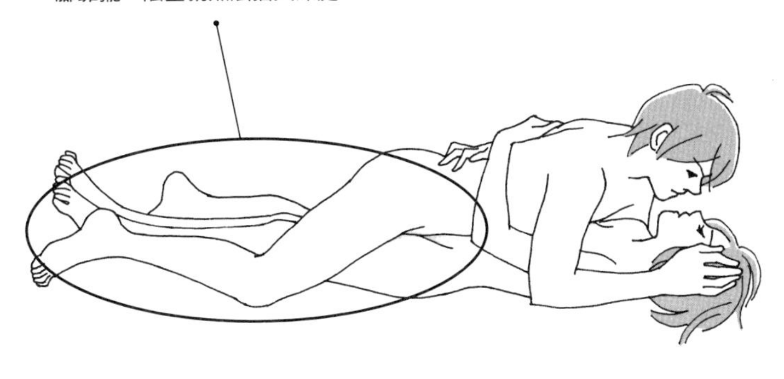

位。或是**擔心陰莖太大而給她帶來痛苦的人，用這個體位也能放心。**

就是在女人雙腿靠攏的情況下，淺淺插入（插圖②）——這是不管什麼體位都能應用的技巧。由於男人不能大幅擺動腰部，比起追求激烈的情欲，更適合含情脈脈地親密互動。有餘裕可以看見彼此的款款深情，更是甜美啊！

4 不想被認爲「太快」！先滿足女人後，自己也完事

「還不想射，可是忍不住了！」——每個男人都有這種經驗吧。渴望享受久一點，請學會用體位控制。

首先，請用能限制腰部動作的體位（插圖①）。**快要射的時候切換成這種體位，讓自己冷靜下來**。此外，刻意分散注意力也是一種方法。去親吻自己喜歡的部位，例如腿（插圖②），也可以展現情色氛圍。

我希望各位學起來的是，一邊插入陰莖，一邊引出陰蒂高潮的方法（插圖③）。**沒有女人討厭這個**。這比陰道高潮簡單，女人也會感到格外滿足。就算不久後你也射精了，她也不會有所怨言。

① 以腰部難以扭動的體位來抑制射精感

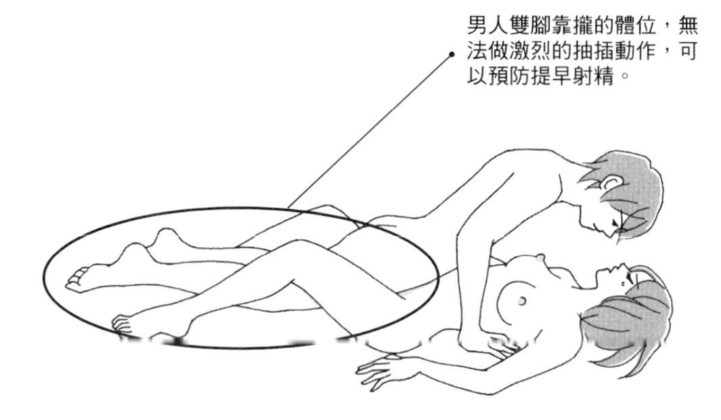

② 藉由愛撫其他部位，舒緩快感

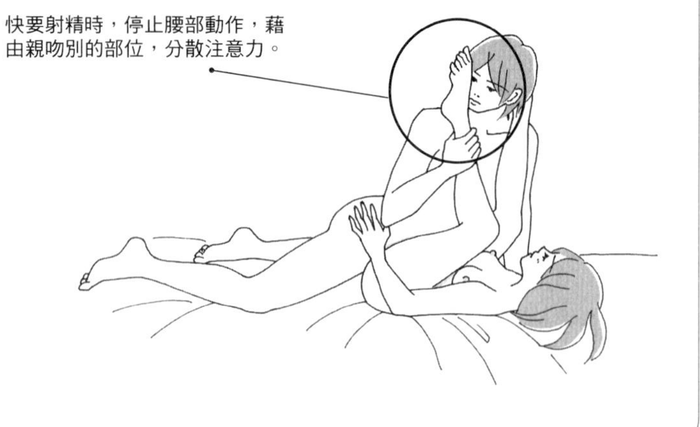

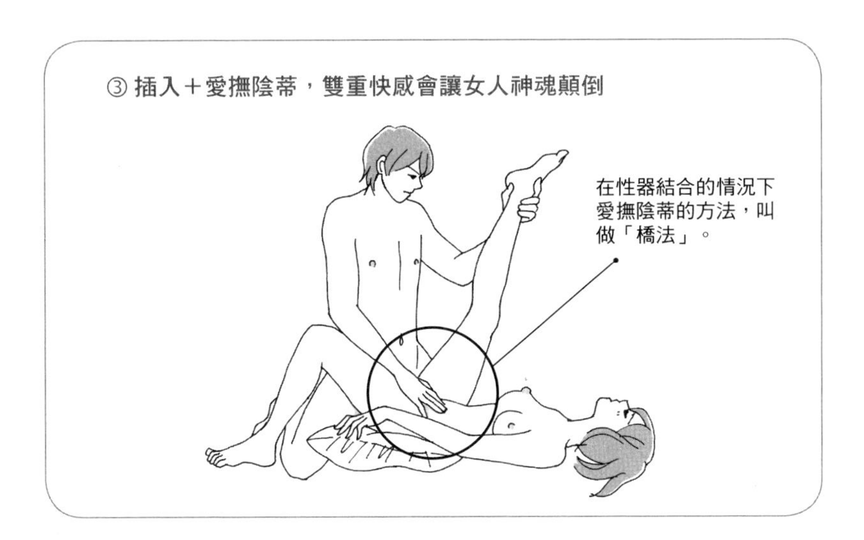
③ 插入＋愛撫陰蒂，雙重快感會讓女人神魂顛倒
在性器結合的情況下
愛撫陰蒂的方法，叫
做「橋法」。

5 體型壯碩的男人，別把體重加在她身上是一種溫柔

身高、體重之類的體格差異，特別是在正常體位和背後體位時，影響很大。應該注意正常體位的組合是，體型高大、體重也很重的男人V.S.身材嬌小的女人。體格好的男人（插圖①），在做會將體重下壓的體位時，**女人真的會覺得重得受不了**。短時間還好，如果長時間被壓著，大腿根部會很痠，胸部也會被壓得十分難受。你做得很興奮，她卻遲遲不好意思說：「好~重哦~」這時悄悄變換體位，也是一種溫柔。

不過既然要變換，不如一開始就挑選不會給她造成負擔的體位。男女都沒有「不這樣沒感覺，無法高潮」的體位，所以臨機應變換體位也很重要。

① 注意別把體重加在嬌小的她身上

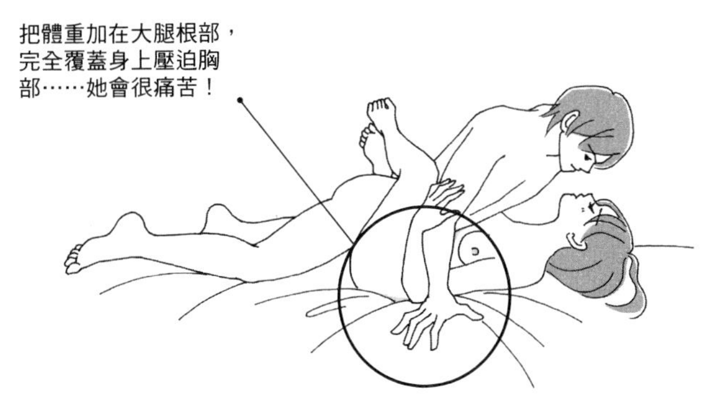

② 利用床來彌補體型差異

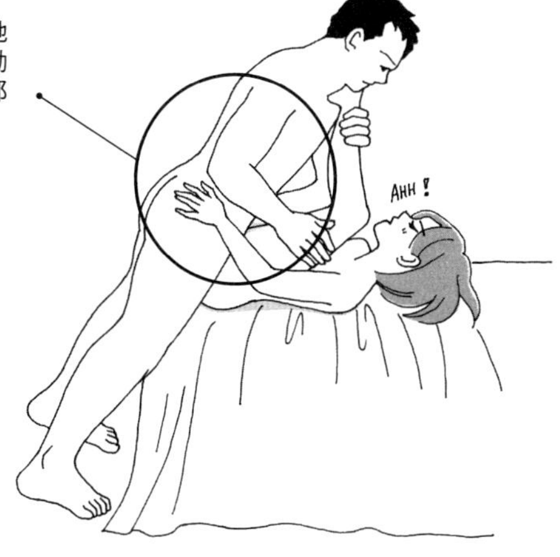

如果不想把體重加在她身上，又想插得很深，那麼利用床的高低差體位最恰當（插圖②）。**這個體位可以分散體重，避免將體重都壓在她身上。**而且彼此的性器能緊密交合，腰部的可動範圍也很大，因此做生猛的活塞運動也OK！喜歡激烈性交的情侶，一定也會喜歡這種體位。

讀者來函之「話雖如此！」——12

話雖如此，我覺得都是男人在做避孕準備，不公平！戴保險套會減少快感，而且也很花錢……只要女人吃避孕藥，就能直接做不是嗎？我也想勸她吃避孕藥。

——24歲．男性

避孕是「自我的責任」，女人吃避孕藥是爲了自己

說到男人自主性的避孕，除了戴保險套，別無他法。首先，「吃了避孕藥，就能在陰道內射精」，這種說法你敢全面相信嗎？若你敢把人生賭在一次射精上，那請自便。儘管情侶之間的互信很重要，但避孕一定要靠自己做才能萬全。

服用口服避孕藥，可以調整女人的月經，容易固定「安全期」。此外，也有控制經期、改善經痛和貧血等問題、調整荷爾蒙平衡等功能。其實很多女人吃避孕藥都是爲了調整這種日常性的不順，絕對不是爲了能直接做愛！

爲了預防性病也必須戴保險套。與其花心思去想怎樣才能直接做愛，不如把心力放在不戴保險套要如何建立相愛關係，這樣對兩人都比較好喲！

第13章

別淨是做猛烈的！背後位快感的五個絕技

❶
背後位要自制！別把征服欲表現出來

❷
調整插入角度，感受也會不同！如何讓女人沒有異物感？

❸
活用深、淺角度，以不同花樣享受背後位快感

❹
早射或晚射的人，個別在「背後位」下工夫

❺
背後位要注意「身高差別」，利用床的高低差尋求快感

1 背後位要自制！別把征服欲表現出來

「背後位」很容易挑起男人的征服欲吧。因爲掌管性欲的男性荷爾蒙睪丸酮，是攻擊性與鬥爭心的源頭，因此在做愛時激起征服欲，似乎也莫可奈何。

不過，女人的心情感受又是如何呢？人「想被征服」，也有人「想被溫柔對待」。征服與被征服，以及程度輕重，都**要靠兩人的嗜好和關係來作決定**。如果單方面將欲望硬加在身上，她只會很困擾。尤其背後位是一種女人身體很難動的體位，它完全剝奪女人身體的自由（插圖①），我勸各位男士絕對要避免。

還有腰的動作也要注意，千萬不要太狂野。由於男人的腰部能自由擺動

① 別徹底展現征服欲、剝奪她的動作自由！

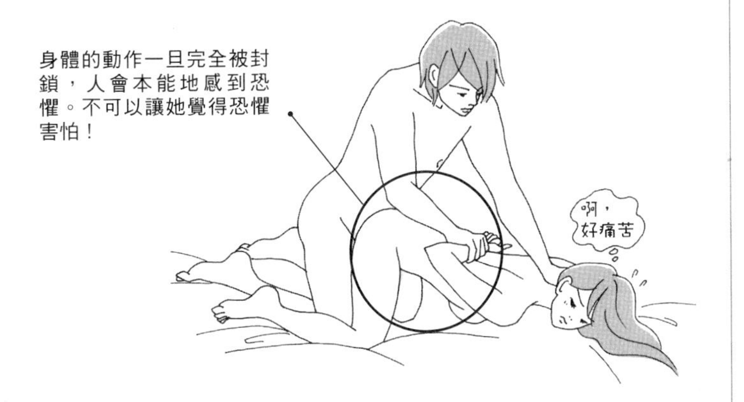

② 注意活塞運動不要變得太激烈

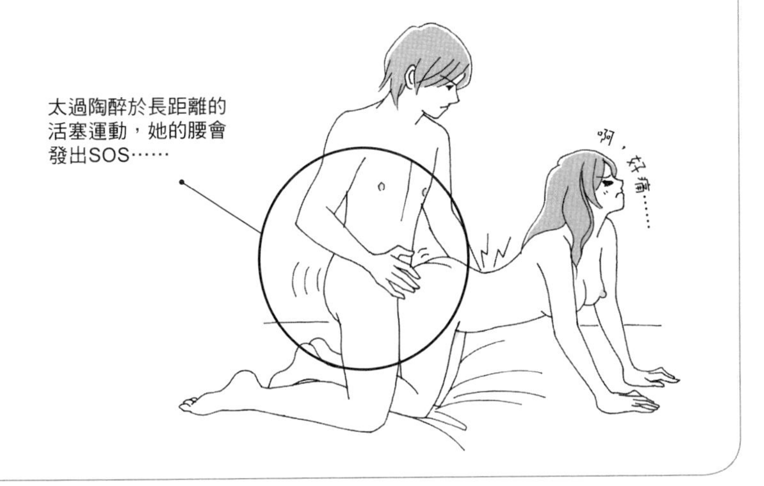

（插圖②），擺動的幅度也很大。但女人的身體動不了，而且腰部又有負擔，變成只能忍受痛苦，暗自祈禱「趕快結束」。

此外，由於背後位看不到她的臉，就算她說「不要」，有時反而會激起你的征服欲。所以爲了避免太過興奮，一定要培養自制力！爲了當一個經常能退一步檢視自己的男子漢，還是好好鍛鍊自己的心智吧。

2 調整插入角度，感受也會不同！如何讓女人沒有異物感？

背後位，有著其他體位所沒有的特徵。以正常位、坐位、騎乘位做愛時，男人陰莖的上半部——亦即龜頭冠露出的部分在女人的側腹那邊，而包皮繫帶則在女人的背部這邊，因此能給陰道內最有感覺的G點帶來強烈刺激。但是用背後位插入時，陰莖的上下顛倒，龜頭冠和G點離得很遠……

儘管如此，陰莖的下方，尤其有包皮繫帶的部位還是能摩擦到G點，做法就像ⓑ一樣，**進入時沿著陰道的腹側面插入陰莖**，這樣就能產生刺激。雖然要導出高潮不容易，但強烈的快感會讓她非常享受。

那麼以ⓐ或ⓒ插入時，女人的感覺又是如何呢？ⓒ刺激到的是背部

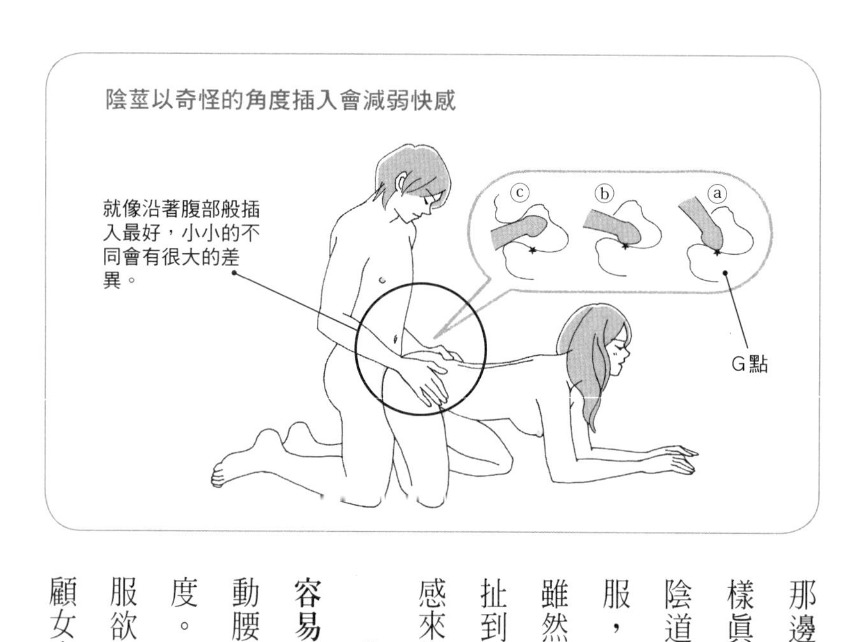

那邊的陰道壁，因此不會有感覺，這樣眞的就玩完了。由於龜頭冠接觸到陰道內的皺摺，男人可能會覺得很舒服，但女人只能忍受異物的感覺。ⓐ雖然碰到腹部那邊的陰道壁，但會拉扯到整個陰道，所以異物感還是比快感來得強。

背後位是所有體位中，男人最容易射精的體位。因爲男人能大幅扭動腰部，也很容易調整活塞運動的速度。就如上一節也提過的，會激起征服欲，往往會變成以自我爲本位，不顧女人的感受。

但只要插入時稍微留意角度，她也能和你一起進入銷魂的境界，這樣樂趣也會倍增。兩人都能在享受強烈的滿足感之下得到高潮唷！

3 活用深、淺角度，以不同花樣享受背後位快感

男人想在女人的陰道深處享受快感，要把體重壓下去。如果想在淺處享受快感，女人要把雙腿靠攏——這可以運用在任何體位。一六八頁具體介紹過正常體位的例子，這裡要介紹背後位的重點。

想要再插深一點，或是受限於陰莖大小時，女人把上半身趴在床上（插圖①），然後**以抬高臀部的姿勢合體**。男人從上面的角度插入，也比較容易將體重壓下去。但因女人背部彎得很大，通常會給腰部帶來負擔，爲了避免激烈的活塞運動給她帶來衝擊，男人一定要小心自制！**宛如在陰道深處攪動般地壓下去，兩人會一起得到快感**。

① 女人翹起屁股，插得比較深

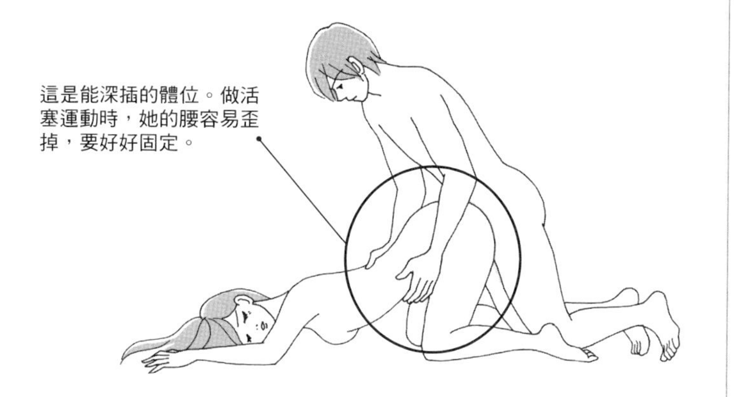

② 背後位想淺插的話，請女人雙腿靠攏

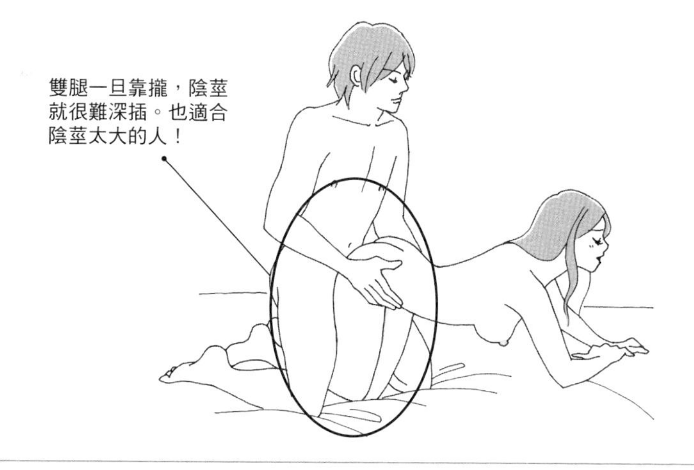

想在陰道淺處得到刺激，或是陰莖太大的話，插圖②是最佳體位。若想轉換氣氛，也可以請她直接伸腿伏臥趴下去，在兩人連結的情況下，自然轉成一九六頁的插圖①體位。「淺」這種體位，也有各種不同嗜好。一邊調整她的腰部高度，一邊尋找最佳角度，也是一種樂趣喲。

4 早射或晚射的人，個別在「背後位」下工夫

一九三頁介紹了陰莖太大的人該如何應對，這一章節要爲早洩的人介紹理想的體位「趴背位」（插圖①）。因爲腰部不能前後大幅擺動，所以**不會產生強烈快感，反而能充分享受徐緩的舒服感**。由於是全身接觸，我也很建議想滿足彼此心靈的伴侶，積極採用這種體位。在耳邊悄悄吐息，輕聲細語說些情話，很能贏得女人的芳心喲！讓她的身心都陶醉、銷魂後，此時就算立刻射精，她也不會覺得你「好快」。

至於晚射的人，爲了早射要鼓舞自己，**同時也要留意別消耗她的體力**。不管她再怎麼濕，一旦感到疲累就會乾掉。活塞運動的衝程改採短的，以便減少摩擦，或是加點潤滑液，都能減輕她的負擔。此外，女人容易疲累的部

① 趴背位，最適合長時間合體！

因為男人難以擺動腰部，有助於防止早洩。對體力沒自信的人，建議可用這種體位。

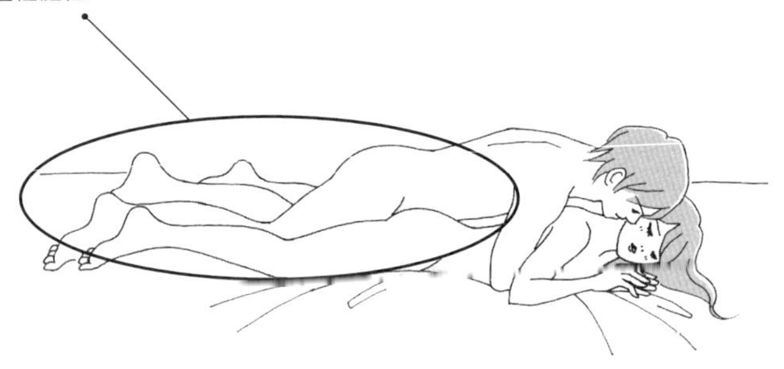

② 有晚洩傾向的人，要考慮她的體力

插入時間太長，女人也會疲累。背後位要特別注意，別給她的腰部造成負擔。

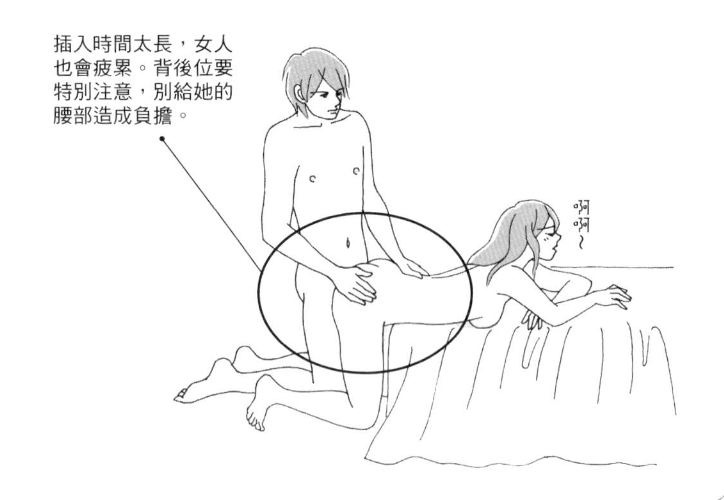

位還有腰部和大腿根部。這時建議讓她的上半身靠在床上，這樣比什麼都不做的時候，更能長時間的陪你插入。只是這麼做就能贏得她的芳心，她會覺得「你很珍惜她」。

5 背後位要注意「身高差別」，利用床的高低差尋求快感

身高很高，腳又很長——男生女生都很羨慕這種身材的人吧，但做背後位時，這種身材會造成困擾。因爲和伴侶的腰高不合，插入時很難有「剛好吻合」的感覺。

如果男人太高，**爲了配合她的臀部位置，必須降低自己的腰**。雖然張開雙腿就能自然降低，但這樣重心不穩，很難做活塞運動。就算把她的腰抬高，或是高舉臀部，畢竟也都很有限。其實這個問題可以用床邊或沙發（插圖①），來配合腰部的位置就能解決。

相反的，若是女人身材高䠷、腳又長，她會張開雙腳、降低腰部。但這

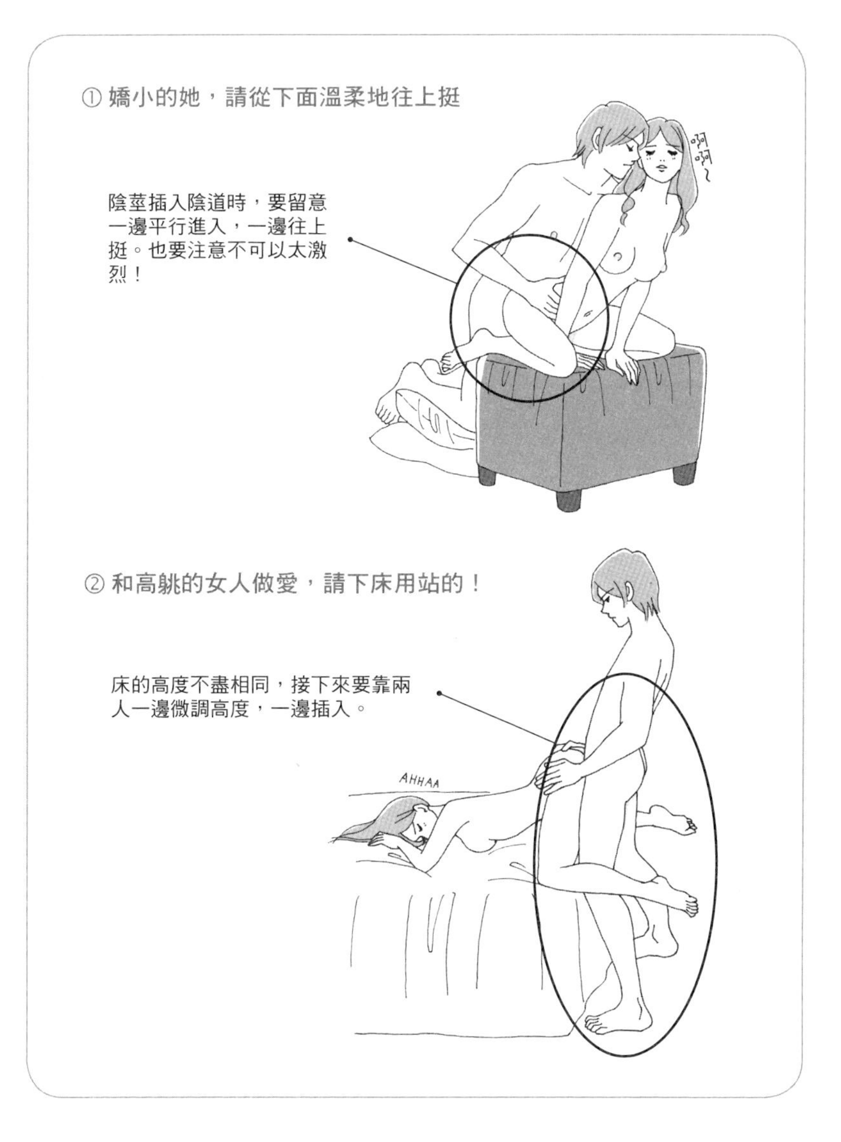
① 嬌小的她，請從下面溫柔地往上挺
陰莖插入陰道時，要留意一邊平行進入，一邊往上挺。也要注意不可以太激烈！
啊啊~
② 和高䠷的女人做愛，請下床用站的！
床的高度不盡相同，接下來要靠兩人一邊微調高度，一邊插入。
AHHAA

也會造成重心不穩，無法完全接收你的腰部動作，難得的快感也變得感受不清。**這時該用的技巧就是「高低差」**。你可以下床站好，重新插入（插圖②）。就算床的高度不合，家中一定有其他可以利用的地方。兩人不妨發揮玩心，在家中找出最棒的地點，一定很有趣。

讀者來函之「話雖如此！」——13

話雖如此，女人比較喜歡大陰莖吧？我對自己的尺寸沒信心，而且她一定會和前男友的那個相比。只要一想到我的可能比較小，我就快陽痿了……

——23歲・男性

陰道是柔軟的器官，無論多大的陰莖都能符合

你所謂的「大陰莖」是多大呢？男人的性器不同於女人，不是隱藏在裡面；而男人也有機會看到別人的陰莖，你至今看過的，讓你驚訝到「好大！」的是多大呢？A片看到的不算。若是一般男人，很難看見大到很極端的吧。女人也一樣很難看到。如果只是差個一、兩公分，根本看不出來。更何況，在陰道裡覺得「比前男友小兩成」更是不可能的事。

陰道是柔軟的器官。婦產科在「觸診」時會把手指伸進去，察看裡面的情況，如果患者很緊張，整個縮起陰道，連手指要插進去都難。而這個陰道在生產時可以擴張到讓一個嬰兒的頭出來。也就是說，不管陰莖大小，陰道的彈性都能確實收合。

日本女性的陰道長度大約八～十公分。G點大約在中間的位置，因此就如六四頁說明過的，陰莖勃起時只要五公分就能抵達G點。這樣就能讓女人很舒服，自己也能得到快感。如果這樣還不滿意的話，會是自己的損失喲！

第14章

追求調情的「坐位」和「安穩騎乘位」的五個絕技

❶
小休息，稍調情。高明地調整坐位，能掌握女人的心

❷
坐位的樂趣在於陰蒂快感！穩穩地坐好，支撐扭動的她

❸
做騎乘位時讓女人深蹲，男人只是躺著，會被認定是死魚男！

❹
想要「不會累」且「兩人都舒服」，就用「互抱騎乘位」

❺
離開床鋪，客廳也能合體！在沙發上用坐位和騎乘位轉換氣氛

1 小休息，稍調情。高明地調整坐位，能掌握女人的心

做愛過程中必須「緩急」兼具。若插入後就直接衝向高潮，總覺得沒什麼意思吧。過程中最好包括汗水淋漓地互相擁抱，陶醉在一波波快感的銷魂時間，以及一邊享受肌膚之親，一邊溫柔接吻的時間。由這些交互組成才是理想的性愛。**坐位（雙方都坐著的體位）是插入時的「吃小菜」體位**。如果能巧妙運用這個體位，做愛的整體分數會確實上升。

因爲是吃小菜，所以不能追求刺激。採用坐位（插圖①）時，必須用你的腰部支撐她上半身的體重。這時無法把腰抬起來，向上頂她吧。即便腰部前後擺動，對女人的刺激也不是那麼強。因此，與其拘泥在這一點，不如

① 靜靜地互相凝視是坐位的醍醐味

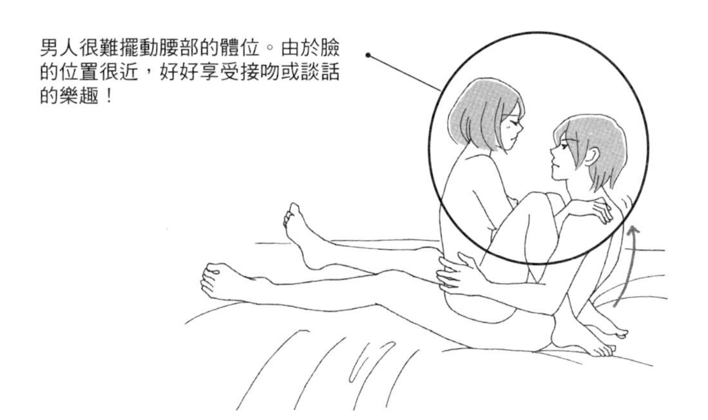

男人很難擺動腰部的體位。由於臉的位置很近，好好享受接吻或談話的樂趣！

② 坐位和騎乘位，能流暢變換體位

騎乘位→坐位，坐位→騎乘位，兩種變換都OK。在陰道內碰觸的情況也會改變。

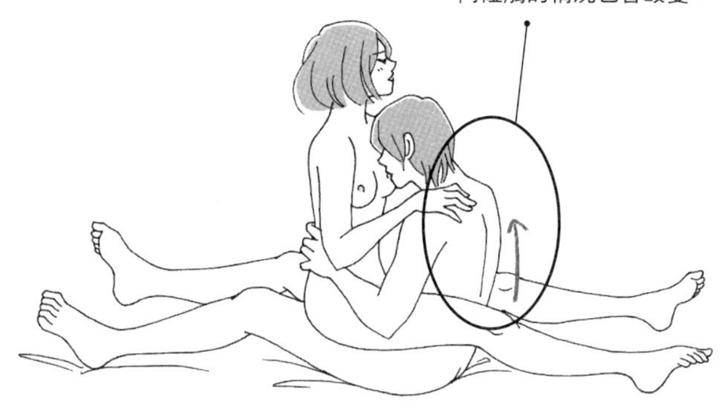

好好看著她的臉、吻她、稍微休息說些情話、舔她的乳頭……**趁這個時候好好調情吧！**

此外，坐位和騎乘位可以是一套的。從騎乘位抬起上半身就成了坐位，從坐位躺下去就變成騎乘位（插圖②）。變換體位是一種樂趣，還能流暢地切換激烈做愛和調情甜蜜的時間，我非常推薦。

2 坐位的樂趣在於陰蒂快感！穩穩地坐好，支撐扭動的她

「坐位」爲了享受寧靜時刻，因此**「面對面」是基本**。我並非不能理解男人想用「背面坐位」從後面抱她的願望（插圖①），但實際做做看，你會感到很失望喔。就像一八九頁說明過的，從後面插入時，若不特別注意角度，彼此都很難得到快感。而且用「坐位」做的時候，如果女人背對你，爲了不讓她採取勉強的姿勢，你也很難覺得安穩。試試看是好事，但結果還是會回到面對面的姿勢。

「面對面坐位」還有一種魅力，那就是**女人容易得到陰蒂快感**。爲了讓恥骨和恥骨牢牢地黏在一起，她一旦扭腰，陰蒂就摩擦到你的恥骨，這種節

① 背面坐位，做了也沒用。沒有感覺！

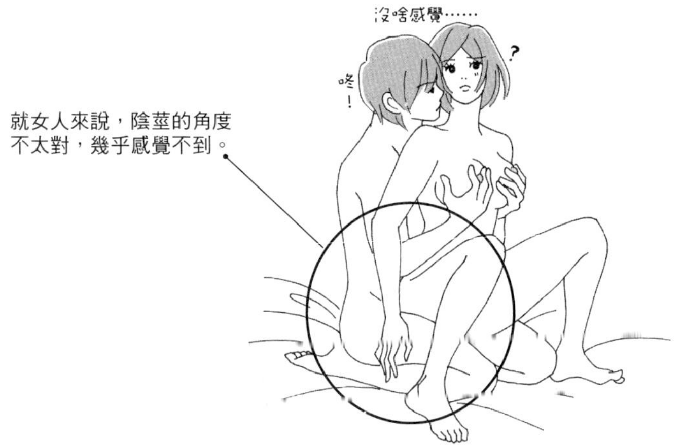

沒啥感覺……
咚！
就女人來說，陰莖的角度不太對，幾乎感覺不到。

② 坐位可將重點放在陰蒂！

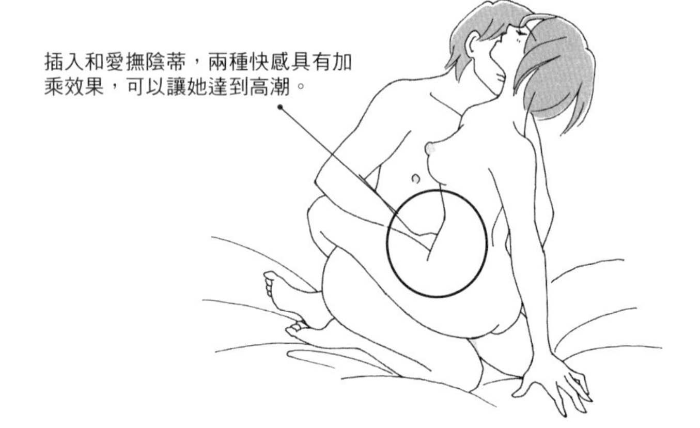

插入和愛撫陰蒂，兩種快感具有加乘效果，可以讓她達到高潮。

奏和強度交給她來弄就好。爲了讓她激烈扭動也不會歪掉，**你只要坐得穩穩的就OK了**。

如果她遲遲找不到扭動腰部的重點，你可以伸手愛撫她的陰蒂（插圖②）。靠你的手指有了感覺，她在扭動身子之際，也一定能掌握到技巧。

3 做騎乘位時讓女人深蹲，男人只是躺著，會被認定是死魚男！

「用騎乘位做，自己可以落得輕鬆，所以很喜歡～」我想反問這種男人，你把在床上沒反應的女人，叫做「死魚」吧。死魚指的是，明明在做愛卻一點反應都沒有的人。女人看到你只是躺在那裡，也會有同樣的想法喲！換成騎乘位後，突然變成死魚的男人，總會要求女人單方面地扭動。**這樣她會感到很無力**。

想要靠騎乘位產生陰道和陰莖之間的摩擦，女人上下動是最好的（插圖①）。這樣男人也會很舒服，還可以由下往上欣賞她胸部的晃動，也會感到格外興奮。不過，請你自己做，次同樣的動作看看。怎麼看都是深蹲的姿勢

① 自己當死魚，女人練肌肉……？

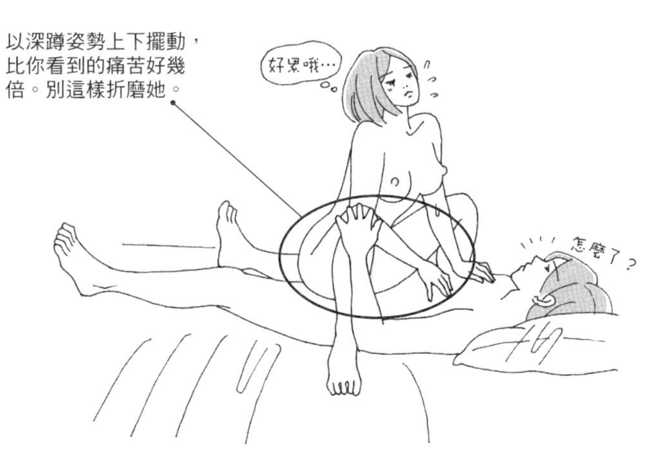

② 背面騎乘位，有什麼樂趣？

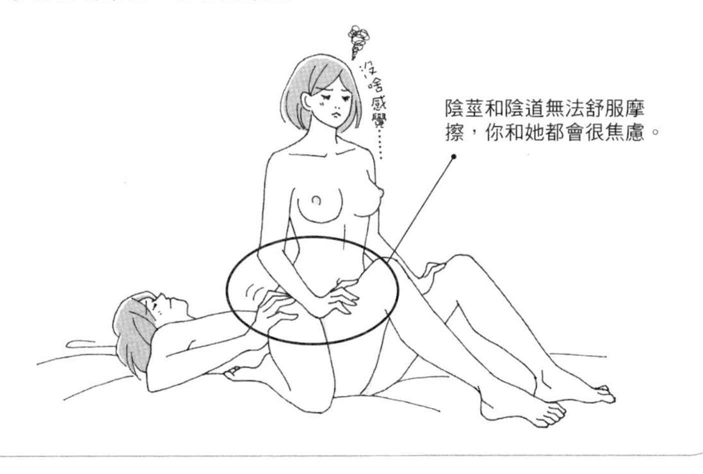

吧。即便可以鍛鍊腿力，但絲毫沒有餘力感受快感。就算你希望她就這樣把你導到射精，她也只是想早早放棄！對你的感情也會急遽降溫。

背面騎乘位是「勞多功少」的範本體位。稍微做做看你就知道，陰莖會被拉往奇怪的方位，男人也一點都不舒服。

4 想要「不會累」且「兩人都舒服」，就用「互抱騎乘位」

做「騎乘位」時，男人不想變成「死魚」，**在下面的時候也會動動腰部**。即便覺得不公平，也要當作被騙試試看！話雖如此，但要把垂直坐在腰上的女人頂起來，需要相當大的力氣。如果你對體力有自信，我不會阻止你，但挑戰了恐怕也只是徒勞無功，而且可能傷到腰部。

爲了不暴露自己沒體力，又能讓兩人都覺得舒服，最好的選擇是「互抱騎乘位」（插圖①）。**她把上半身往前倒，兩人互抱；**你在擺動腰部時，把腰往她的上半身靠過去，感覺像在練腹肌那樣動，這樣就容易懂了吧。如此一來，你能平行插入陰道，彼此都不會覺得有異物感。

① 就算不能很激烈，也是很棒的騎乘位！

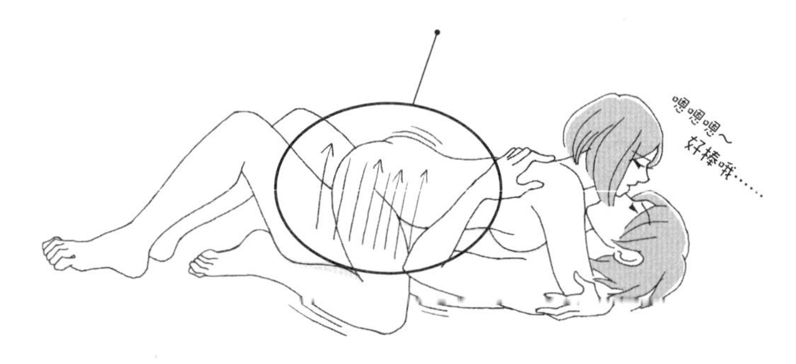

用互抱騎乘位，親密感也是一大樂事。請男人穩穩地、慢慢地往上頂。
嗯嗯嗯～
好棒哦……

② 若想生猛擺動腰部，腳要踩穩

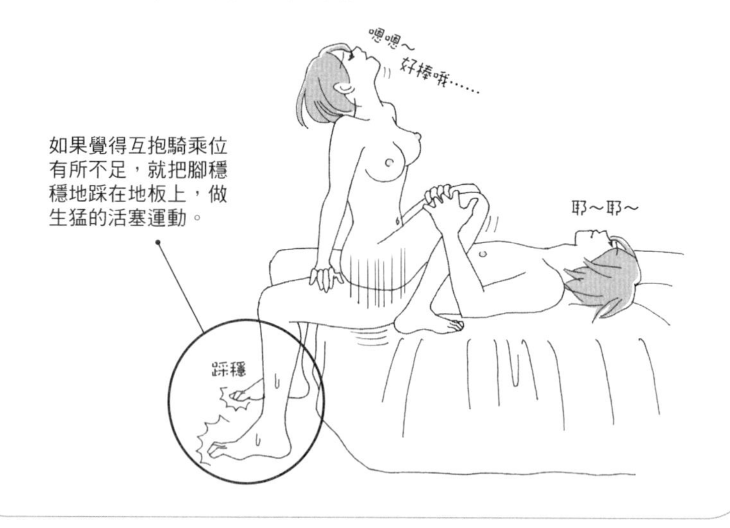

嗯嗯～
好棒哦……
如果覺得互抱騎乘位有所不足，就把腳穩穩地踩在地板上，做生猛的活塞運動。
耶～耶～
踩穩

如果想用騎乘位追求生猛，就把你的雙腳放到床下（插圖②）。**腳穩穩地踩著地面，這樣重心很穩，腰部也能確實擺動，力道也會變強**。但如果太激烈，會使得她無法維持姿勢，所以別忘了用雙手扶著她的腳或腰！

5 離開床鋪，客廳也能合體！在沙發上用坐位和騎乘位轉換氣氛

做正常位和背後位時，利用床或沙發的高低差，是爲了彌補兩人的身高或體重的差異，但在坐位或騎乘位，請單純享受轉換氣氛的樂趣。

她的姿勢可以是雙腳放在沙發兩側的輕鬆姿勢（插圖①），也可以是放在沙發上的姿勢（插圖②），這樣陰蒂可以輕易摩擦到你的骨盤。對男人也有個好處，把上身靠在椅背上，可以減輕身體的負擔。

做騎乘位時（插圖③），若她的腳也放在地上，就算無法深蹲，但多少可以做上下運動。說不定可以看到——她比在床上做時，更大膽狂野的姿態喲！

① 有靠背的沙發，最適合休憩

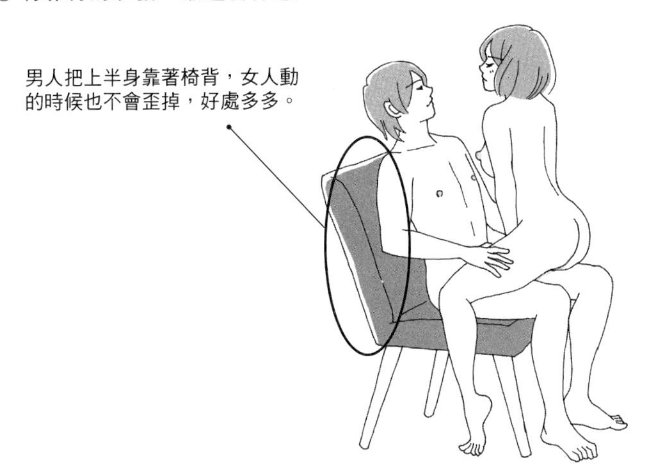

男人把上半身靠著椅背，女人動的時候也不會歪掉，好處多多。

② 換地方做愛也能轉變氣氛！

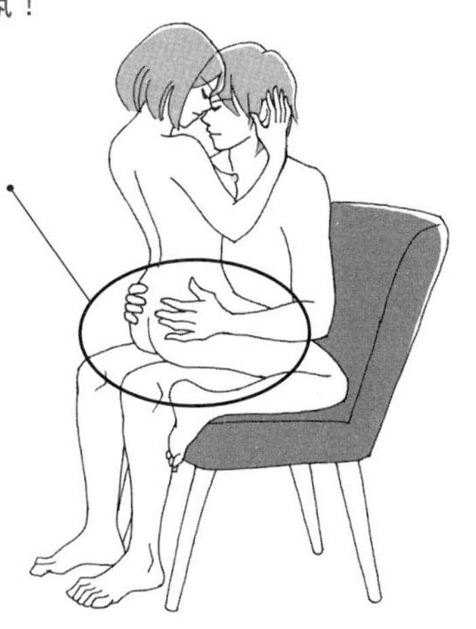

別老是在臥房做，在沙發享受坐位，周遭的風景也會不同，有助於轉換氣氛。

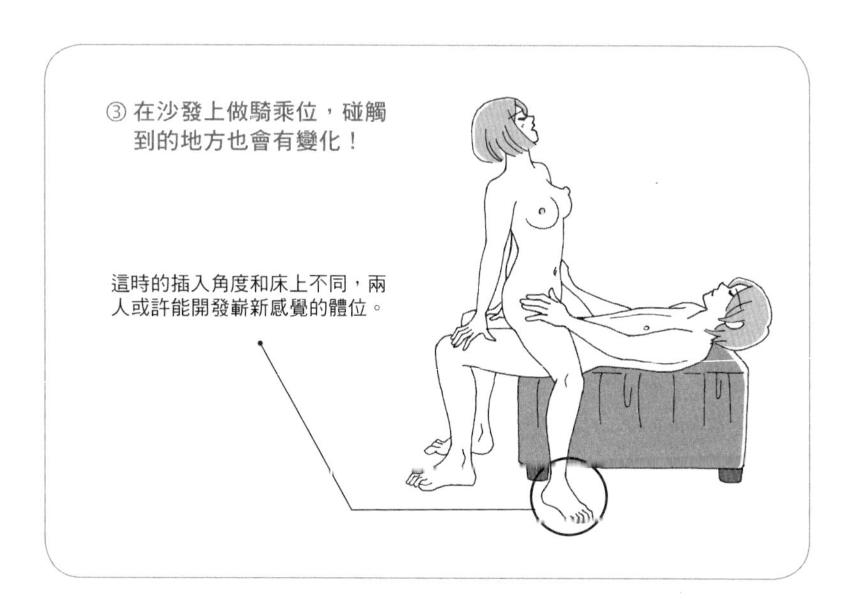
③ 在沙發上做騎乘位，碰觸
到的地方也會有變化！
這時的插入角度和床上不同，兩
人或許能開發嶄新感覺的體位。

讀者來函之「話雖如此！」——14

話雖如此，陰莖不勃起就無法做愛吧。可能是壓力的關係，我最近在她面前也有無法勃起的情況，讓我覺得不配當一個男人……我會一輩子都這樣嗎？

——29歲・男性

做愛並非只是插入！去做ED治療，找回自信

我聽泌尿科醫師說，近年來，年輕男子罹患ED（勃起不全，Erectile Dysfunction）的情況越來越多。可能是壓力太大所導致，但對做愛失去自信後，就很難隨心所欲地勃起了。大部分的情況，只要確實接受治療就能康復。吃醫生開的處方藥，找回自信很重要。做愛的時候先解放你自己吧，不要一直想「我非得勃起不可」「我非得插入不可」。其實這樣鑽牛角尖的人，或許只有你喔。

就狹義來說，「性愛」指的是性器官的結合行爲；但廣義來說，指的是所有的性行爲。從接吻、擁抱開始，到舔吻性器、用手互相撫摸性感帶，以至於性器結合等等行爲，這一切都是性愛。

請你暫時拋棄對插入的執著，以廣義的性愛重新審視這件事。比起陰莖的插入，大部分女人更追求會互相愛撫。年輕時另當別論，但ED遲早會隨著年老來臨。如果你是「插入至上主義」，只是苦了將來的自己。

第15章

爲了今後也能擁有「眞正愉悅的性愛」，必須注意三件事

❶
做愛之後要好好疼惜她，享受調情時光

❷
做愛的開始和結束，身心都要潔淨

❸
坦誠傳達「想要再做」的心情，兩人的愛情會更堅定

1 做愛之後要好好疼惜她，享受調情時光

射精滿足後，身心的緊張都解除了。原本集中在胯下的血液也獲得解放、流回全身，徜徉在一種舒服的疲憊感裡。在你身旁的她，也是一樣。如果她以一副慵懶放鬆的模樣躺著，這就是滿足的訊號。至於有沒有高潮，不是什麼大問題。**所以你也不用因爲「沒有讓她高潮」，而感到太沮喪**。

關於做完愛的時間該如何度過的「規則」，女人這邊似乎有很多想法。男人這邊若立刻去沖澡、準備走人就不值一提，但好不容易讓她滿足了，還要被逼做這個做那個，實在也太累了。

最好的做法是「什麼都不做」！沒必要枕邊細語，更沒必要硬是伸出手臂讓她當枕頭。雖說是「後戲」，但其實該做什麼也不知道，倒不如兩人都

好好地沉睡吧。若有感想，自然脫口而出也很好。如果想把她擁在臂彎裡，或是還想撫摸她的胸部或頸部，忠於自己的欲求去做即可。如果昏昏欲睡，就和她一起昏沉沉地睡著也可以。高潮之後，會分泌一種腦內物質催產素，又稱「幸福荷爾蒙」。整個人會充滿幸福感，對她也會感到格外疼惜。這時就別理那些老套陳規，放鬆地調情吧。

如果認爲立刻挑戰第二次，才是猛男的證明，那你眞是想太多了。男人射精後，會進入沒有任何性反應的「無反應期」，時間長短因人而異。所以這時著急也沒有用，與其貪婪地要求立刻再來一次，**能夠共度兩人悠閒溫存時光的男人，對女人來說才是美好的情人喲！**

2 做愛的開始和結束，身心都要潔淨

「只要結束得好，一切都好。」——若以這種態度而導致失敗，也意味著一切都白費了吧。一個男人在做愛前，什麼都很努力，可是一旦結束卻變得很隨便，這樣女人會很失望。

失望的重點1：處理垃圾。脫下的保險套裡，留著剛射出的精液吧。這是兩人度過美好時光的證明，但總是看著它也很不舒服。這時就應該緊緊地把套口綁好，用衛生紙包起來丟入垃圾桶。擦過兩人體液的衛生紙也一樣。**如果是在飯店做愛，就要親自處理**。如果男人抱著「反正飯店人員會打掃」這種態度，女人會對你產生厭惡感喔！

重點2：床鋪。看到床單亂七八糟，能夠回想刺激的時光，或許感到很滿足，但就這樣放著不管也不舒服。在飯店的話，儘管只是稍微整理，走出飯店的心情就會大大不同。這是展現你的人格重要場面，千萬別交給她做，自己動手做最好。俗話說：「自己的事，自己善後。」眞是一句好話。

最後重點3：記得沖澡。彼此交換體液後，或許會覺得捨不得，但也要確實洗乾淨。做愛前因爲害羞而不敢和你一起洗澡的她，做愛後敞開心扉了，或許就願意和你一起洗了。爲了回家時，兩人能夠愉悅的擁抱，**清潔工作要和開始前一樣謹記在心**。

這三個重點，都屬於常識範圍。因爲是常識，更需要辦到，否則她對你的印象分數會大大扣分……收尾一定要做得很乾淨。

3 坦誠傳達「想要再做」的心情，兩人的愛情會更堅定

美好時光轉眼就過了。和做愛前相比，你對她的感情有變化嗎？可能變得更愛了，希望能再共度纏綿的時光。如果她也有同樣的想法，你一定感受得出來吧。**性愛就是爲了累積這種情愫的行爲**。若親密的層級，比做愛前變得更好，那就表示你們擁有了「眞正愉悅的性愛」。

兩人共同擁有充實的體驗，就會「**想要再做**」吧。請把這種心情傳達給她知道。如果你跟她說「眞是一段美好的時光」，或者「好想再和妳共度這種時光」，她會確實感受到被愛。而女人「想要再做！」的對象，也是能把這種滿懷的愛意說出口的男人。

爲了和心愛的她做愛，想必有人也做了很多努力。若不努力，性愛不是光等待就會自動上門的。只要懂得了那種難能可貴，自然就能說出心中的愛意吧。就算很難爲情，也不要吞回去！若能不要太倔強，把話說出口，就等於把「下一次」的機會拉到了身邊。

如果無論如何都會緊張，那就寫電子郵件吧。平安時代的貴族有一種「後朝之信」，就是性行爲之後的隔天早上，男人寫給女人的信。如果能在結束後直接告訴她，然後過了一段時間後，再鄭重傳達給她知道，她會感受到你的雙倍愛意。

即便持續交往，也做過很多次愛，我希望大家都不要忘記這個習慣。重視身體和語言的雙方面「傳情」，永遠保持新鮮感，才是維持纏綿性愛的秘訣。

〈後記〉技巧藏在細節裡

各位讀完這本書覺得如何呢？二〇一〇年五月《女醫師教你真正愉悅的性愛》出版後，意想不到地成爲大暢銷書。在這本書裡，關於身體的構造、身體對性刺激的反應，以及如何給予適當刺激等方面，盡量寫得簡單易懂。之後收到讀者的感想來信：「謝謝您出版這本書，我和男友做愛已經能高潮了！」我眞的非常非常高興。

翌年，我更進一步出版了《女醫師教你高潮迭起的性愛》，談到高潮和荷爾蒙，以及熟年伴侶的性愛問題。這一本也眞的獲得寬廣年齡層的喜愛。

大多數人對於性事、對於女人的身體，都「想知道眞正的情況！」這表示很多人都還抱著高度的希望。能夠收到男女都愉悅的來函，這眞是身爲作者最幸福的事。

然而另一方面，我也聽到女性關於性問題的嚴厲聲音：「《女醫師教你》系列賣得那麼好，爲什麼日本男人的做愛技巧還是那麼差？」

事實上，女性讀者的來函並非只有喜悅之聲，也有很多嚴重的煩惱，以及對男性的不滿。

因此讓我起心動念，覺得應該更加深掘技巧方面的問題，讓世上的男人知道，所以就打電話給Bookman出版社的總編輯小宮亞里：「我想寫一本充分解說技巧的書；一本不擅長閱讀文章、以及抱著細微問題的人也能讀懂的書……對，我想寫一本性愛技巧界的《東大特訓班》！」

這通電話，便是這本書的開始。

從基本的「基」開始的規則，到絕對不會失敗的前戲，究竟要怎麼做？

插入時，腰要怎麼動比較好？不同體型的理想體位各是什麼……等等技巧。或許這些都會被認爲是小聰明的技巧，但所謂「魔鬼藏在細節裡」，這句話也能用在做愛時。

正在執筆寫這本書時，一位三十五歲左右的女性友人跟我談起她的事。她在年輕時期就很有男人緣，從初體驗之後、經過將近二十年的時間，她和一百多個男人發生過性行爲，是個經驗豐富的性愛高手。但直到最近，她和剛交往的男友上床後，才得到前所未有的深度高潮。

我問她原因，她說男友是所謂的「草食系男子」，未曾有過受歡迎的經驗，對自己的性愛能力也沒自信……因此，每個動作都做得很仔細、很溫柔，而且做的時候一定會一邊確認她的反應。以前她的性伴侶做愛時都像餓鬼一樣，只會氣喘吁吁地問：「我很厲害吧？」比起這種肌肉型生猛男，現在她的男友會溫柔地用些小技巧，細心呵護她的感覺，讓她得到了人生最棒的高潮。——我認爲這個故事蘊含著很大的教訓。所謂「眞正愉悅的性愛」，並非在展現花俏的技巧，也不是在挖掘誰都不知道的性感帶吧。

只要能實現本書介紹的所有身心雙方面的技巧，她很有可能會說你「很厲害！」我用帶著保留意味的「很有可能」來形容，但讀完本書的人應該知道可能性有多高了吧。

因爲，「性愛的答案就在她身上」。

請各位男士參考這本書，實踐屬於你和她的「眞正愉悅的性愛」吧！

最後，我要感謝迅速出版本書的Bookman出版社總編輯小宮亞里，以及編輯三浦Yue，還有將我想表達的意思，用非常易懂、且忠實又有氣質地畫成插圖的插畫家栗田Minori，在此致上深深的感謝。

二〇一二年十一月　宋 美玄

國家圖書館出版品預行編目資料

有愛的絕技最銷魂：女醫師教你眞正愉悅的性愛關鍵69 / 宋美玄著；
陳系美譯. -- 初版. -- 臺北市：究竟, 2014.05
232 面；14.8×20.8公分 --（第一本；66）

ISBN 978-986-137-186-3（平裝）
1. 性知識

429.1　　　　103005099

The Eurasian Publishing Group
圓神出版事業機構
用心與你對話・網野無限寬廣

http://www.booklife.com.tw　　inquiries@mail.eurasian.com.tw

066

有愛的絕技最銷魂

——女醫師教你眞正愉悅的性愛關鍵69

作　　者／宋美玄
譯　　者／陳系美
發 行 人／簡志忠
出 版 者／究竟出版社股份有限公司
地　　址／台北市南京東路四段50號6樓之1
電　　話／（02）2579-6600・2579-8800・2570-3939
傳　　眞／（02）2579-0338・2577-3220・2570-3636
郵撥帳號／19423061　究竟出版社股份有限公司
總 編 輯／陳秋月
主　　編／連秋香
責任編輯／連秋香
美術編輯／李家宜
行銷企畫／吳幸芳・荊晟庭
印務統籌／林永潔
監　　印／高榮祥
校　　對／林雅萩
排　　版／莊寶鈴
經 銷 商／叩應股份有限公司
法律顧問／圓神出版事業機構法律顧問　蕭雄淋律師
印　　刷／祥峯印刷廠
2014年5月　初版

定價 280 元　　ISBN 978-986-137-186-3　　Printed in Taiwan